U0341979

水驱油理论研究及油藏工程方法改进

张金庆 著

中国石化出版社

内 容 提 要

本书基于油水相对渗透率曲线的幂函数表达式，将前缘含水饱和度方程和 Welge 方程的微分形式转化为线性形式，引入了 Welge 系数的概念，完善了水驱油理论；提出了基于相对渗透率曲线为幂函数表达式的近似理论水驱曲线以及基于 Welge 方程的理论水驱曲线；根据 Welge 线性方程，完善了童氏图版系数的计算公式，改进了童氏图版；通过引入水驱前缘突破时的单位产液量下产量变化率即递减率的概念，揭示了水驱油田含水上升规律和递减规律两大规律的内在联系；探索了水驱油理论和新型水驱曲线在波及系数计算、提液增油效果评价以及产液结构优化调整等方面的一些应用。

本书有较强的理论性、系统性和实用性，可供油气田开发工程专业技术人员以及石油高等院校相关专业师生阅读和参考。

图书在版编目（CIP）数据

水驱油理论研究及油藏工程方法改进 / 张金庆著 .
—北京：中国石化出版社，2019.6
ISBN 978-7-5114-5370-9

Ⅰ.①水… Ⅱ.①张… Ⅲ.①水压驱动-研究②油藏
工程-研究 Ⅳ.①TE34

中国版本图书馆 CIP 数据核字（2019）第 119272 号

中国石化出版社出版发行
地址:北京市东城区安定门外大街 58 号
邮编:100011　电话:（010）57512500
发行部电话:（010）57512575
http://www.sinopec-press.com
E-mail:press@sinopec.com
北京科信印刷有限公司印刷
全国各地新华书店经销

*

787×1092 毫米 16 开本 7.5 印张 170 千字 印 1—1200
2019 年 10 月第 1 版　2019 年 10 月第 1 次印刷
定价:158.00 元

序

随着世界经济持续发展，能源消费量也与日俱增。虽然诸多国家都在倡导能源转型，但从技术的突破到工业化应用，还需要一个过程。在能源需求增速加快的大趋势下，可以肯定的是在今后一段时期内仍然是以传统化石能源为主的时代，油气仍是世界第一大能源。由于我国社会经济的快速发展，油气供给对外依存度也越来越高。因此如何提高原油产量，降低对外依存度，保证国家能源供给安全，成为亟需解决的难题。整体来看，可以有两种途径：一是加大勘探力度，以期发现更多的新油田，并尽快投入开发增加产量。但从近十年的石油探明储量来看，低品位储量所占比例越来越高，开发难度大、经济效益低；二是老油田挖潜，采取多种措施减缓产量递减。但目前绝大多数老油田均已进入高含水、高采出程度的"双高"阶段，高效挖潜难度越来越大。这就迫切需要精度更高、更切实有效的理论和方法予以指导。目前虽然已有许多基于水驱油理论和经验的油藏工程方法，但仍存在着诸多问题，例如有些油藏工程方法是基于经验或者是实际数据统计得出，缺乏理论依据；有些局限于特定的适用范围，对主要影响因素认识不清，针对同一情形不同方法计算结果差异较大等。这在一定程度上降低了预测精度，达不到预期的实施效果。

著者长期从事油藏工程理论研究和现场工作，积累了丰富的实践经验和第一手资料。同时用数学的思维、手段和方法研究水驱油基础理论及其应用方法，揭示问题的本质和规律，解决油藏工程难题。本著作从水驱油基础理论入手，开展了系统的深入研究，将前缘含水饱和度微分方程和 Welge 微分方程简化为线性方程，推进了基础理论的发展；提出了理论水驱曲线和近似理论水驱曲线，并对童氏图版等常用方法进行了拓展完善，论证了水驱曲线和 Arps 递减曲线两大基础水驱预测方法之间的一致性，从而构建起统一的水驱油藏工程理论，为油田开发专业提供了全新的理论视角，有着较高的理论参考价值。

《水驱油理论研究及油藏工程方法改进》是一部理论与实践相结合的著作，其中水驱曲线、递减预测方法、改进的童氏图版可以较大幅度提高预测精度；可采储量标定、基于动态数据反求相渗参数、提液时机和幅度判断、产液结构优化调整、海上平台扩容改造评价等，可以为老油田挖潜技术决策提供更有效的判断依据，降低项目投资风险。可以预见这些理论和方法有着十分广阔的应用前景。

任何一项理论的进展以及方法的完善，都是一个艰苦的探索过程，其应用范围可能更宽、更广，值得广大科技工作者在参考应用时予以深入挖掘，不断推进油藏工程理论和方法的进步。著者这套理论以及方法正是渗流理论持续发展的注脚，其对渗流力学的发展具有一定的推动作用，其理论价值及其参考意义是值得肯定的，非常值得大家研读！

我在大学学的是数学，读研究生时的专业方向是油藏工程。如何将数学方法应用于油藏工程，提出更加简洁、实用、准确的油藏工程方法，一直是我的梦想。

水驱曲线法是常用的油藏工程方法，但不同的水驱曲线即便是最常用的甲、乙、丙、丁水驱曲线预测的可采储量结果差异也比较大，特别是预测的剩余可采储量有时可达数量级的差异。是什么原因影响了不同方法的预测精度？

不同水驱曲线的含水变化规律不同，有凸型（乙型和丙型）、S型（甲型）和凹型（丁型）。经笔者研究分析，丙型和丁型水驱曲线可以用数学通式表达，该通式水驱曲线可以描述凸型、S型和凹型含水上升规律。在此基础上，笔者经适当假设提出了一种简单实用的水驱曲线，该曲线可以描述不同类型含水上升规律，但预测精度并未明显提高。后来又提出了"广适水驱曲线"，但由于没有考虑无水采油量等原因，预测精度仍然不甚理想。

童氏图版法也是常用的油藏工程方法，但实践证明，童氏图版用于低渗油田时，预测的采收率明显偏大。童氏图版的基础是甲型水驱曲线斜率与水驱地质储量乘积为常数7.5（统计值）。而根据低渗油田的统计，甲型水驱曲线斜率与水驱地质储量乘积远大于7.5，这是导致童氏图版不适用于低渗油田的原因。笔者假设在出口端含水饱和度近似为平均含水饱和度的条件下，推导出了甲型水驱曲线斜率与水驱地质储量乘积的关系式：其值与水相指数和油相指数之和成正比，与驱油效率成反比，但按此关系式计算的值还是小于低渗油田的统计值。那么甲型水驱曲线斜率与水驱地质储量之积到底是由哪些因素确定的？

本书从水驱油基础理论研究出发，抽丝剥茧层层揭开上述问题的谜底。全书共分5章：第1章水驱油基础理论。基于相对渗透率曲线的幂函数表达式，完善了水驱前缘含水饱和度方程和Welge方程，将其微分方程转化为线性方程，并引入了Welge系数的概念，揭示了Welge系数和相对渗透率曲线参数及水油流度比的关系。第2章水驱油驱替规律。论述了水驱宏观规律(如含水率、可动油储量采出程度、采油采液指数)和微观规律(如相对渗透率曲线参数)的定量关系。揭示了水驱油田水驱规律和递减规律的本质特征。第3章水驱曲线研究。基于不同条件，推导了三类水驱曲线：基于油水相对渗透率比值为指数表达式的常用甲型水驱曲线、基于相对渗透率曲线幂函数表达式的近似理论水驱曲线和基于Welge方程的理论水驱曲线。提出了水驱前缘突破时单位产液量下产量变化率即递减率的概念，揭示了水驱油田含水上升规律和递减规律两大规律的内在联系。根据Welge线性方程，推导出了甲型水驱曲线斜率与水驱地质储量乘积的关系式：其值与水相指数和油相指数之和成正比，与驱油效率和Welge系数之积成反比。第4章水驱曲线参数解法。结合三种水驱曲线的特征，提出了实用解法，并对三种水驱曲线的计算结果进行了对比分析。第5章应用探索。给出了一些应用实例，但如何拓宽应用以及改善应用效果还需要进一步探讨。

本书在研究过程中得到了海洋石油高效开发国家重点实验室主任陈伟和国家科技重大专项"海上稠油高效开发新技术(三期)"项目长景凤江的指导和支持，在成稿过程中又得到了中海油研究总院杨仁锋、刘晨、刘新光、耿站立、甘云雁、白玉湖和康晓东等同志的帮助，《中国海上油气》编辑部的杨滨博上阅读了全文并提出了宝贵的意见，在此表示衷心的感谢！同时深深感谢出版社有关同志为本书出版付出的辛勤劳动。

由于笔者水平有限，书中难免存在纰漏之处，恳请读者批评指正。

张金庆

2019 年 5 月 5 日

目 录

CONTENTS

1

水驱油基础理论

　　本章简述水驱油基础理论及研究成果，包括达西定律、相对渗透率曲线、分流量方程、Buckley–Leverett 方程和 Welge 方程。

　　达西定律最初是基于实验提出的，后发展为渗流力学中最基本的定律，现已有诸多学者从理论上进行了探讨。达西定律不仅仅适用于单相，也可拓展适用于多相，只需将渗透率修正为某相的相渗透率即可。

　　相渗透率就是绝对渗透率和相对渗透率的乘积。相对渗透率是饱和度的函数，其关系曲线就称为相对渗透率曲线，是研究多相渗流的基础。相对渗透率曲线的数学表达形式有多种，最常用的是用指数函数表示油水相对渗透率比值的形式，很多油藏工程方法可由此导出。但指数函数表达式在低含水期及特高含水期均不适用。本书基于水相相对渗透率和油相相对渗透率的幂函数表达式，推导出新的油藏工程方法，预测精度更高，且适用范围更广。

　　存在多相，就存在分流，水相的分流量为产水量与产液量的比值，分流量方程奠定了水驱油的理论基础。本书忽略了毛管力和重力的影响，使用的是分流量方程的简化形式，因此在具体应用过程中还要注意适用条件。

　　基于分流量方程并结合质量守恒定律可以得到用来预测非混相驱替过程流体驱替前缘推进的 Buckley–Leverett 方程和前缘含水饱和度方程。结合相对渗透率曲线的幂函数表达式可以发现：水驱前缘处的液油产出比与标准化水油饱和度比呈线性关系，斜率为油相指数（油相相对渗透率曲线的幂指数），截距为水相指数（水相相对渗透率曲线的幂指数）。

　　Welge 方程提供了求解 Buckley–Leverett 前缘推进方程的一种方法。本章在 Welge 方程的基础上进一步论证了平均含水饱和度和出口端含水饱和度呈近似线性关系，并把线性关系的斜率定义为 Welge 系数 w，其截距为 $1-w$ 和 $1-S_{or}$ 的乘积。基于 Welge 的微分方程和线性方程可以推导出新型水驱曲线，即理论水驱曲线。

1.1　达西定律

　　达西定律是流体在多孔介质内运动的基本定律，是 1856 年法国水力工程师达西从大量实验中总结出来的，即通过某一岩心截面的流量与岩心两端压差和岩心截面面积成正比，与流体黏度和岩心长度成反比。可用公式表示如下[1]：

$$q = \frac{K}{\mu} A \frac{\Delta p}{\Delta L} \tag{1.1-1}$$

式中　q——通过岩心的流量，cm^3/s；

　　　　K——岩心渗透率，μm^2；

A——岩心截面积，cm^2；

μ——流体黏度，$mPa \cdot s$；

Δp——岩心进口端和出口端的压差，$10^{-1}MPa$；

ΔL——岩心进口端和出口端的距离，cm。

也可以用流速表示：

$$v = \frac{q}{A} \tag{1.1-2}$$

式中　v——渗流速度，cm/s。

即：

$$v = \frac{K}{\mu} \frac{\Delta p}{\Delta L} \tag{1.1-3}$$

为了研究方便，公式(1.1-1)和公式(1.1-3)可以写成微分形式：

$$q = - \frac{K}{\mu} A \frac{dp}{dx} \tag{1.1-4}$$

$$v = - \frac{K}{\mu} \frac{dp}{dx} \tag{1.1-5}$$

因为沿 x 增加方向压力 p 降低，为了使产量和渗流速度为正，公式中加了负号。渗流速度表达式(1.1-5)表示流体质点受到的力与流动速度之间的关系，也称为运动方程。

将公式(1.1-5)从均质地层的稳定渗流扩展到非均质地层的不稳定渗流，压力 p 是空间坐标和时间坐标的函数，即 $p(x, y, z, t)$，则渗流的运动方程可改写为：

$$v_x = - \frac{K}{\mu} \frac{\partial p}{\partial x} \tag{1.1-6}$$

$$v_y = - \frac{K}{\mu} \frac{\partial p}{\partial y} \tag{1.1-7}$$

$$v_z = - \frac{K}{\mu} \frac{\partial p}{\partial z} \tag{1.1-8}$$

1.2　相对渗透率曲线

当多孔介质中同时存在两相或多相流体时，其中某一相流体在多孔介质中的相对通过能力大小，就称为该相流体的相渗透率或有效渗透率。相对渗透率定义为有效渗透率与绝对渗透率的比值。绝对渗透率通常采用空气进行测定，因此又称空气渗透率[2]。

当岩心为油水两相流体饱和时，油水两相相对渗透率可以表示为：

$$K_{rw} = \frac{K_w}{K} \qquad\qquad (1.2\text{-}1)$$

$$K_{ro} = \frac{K_o}{K} \qquad\qquad (1.2\text{-}2)$$

式中　K_{rw}——水相相对渗透率；

　　　K_{ro}——油相相对渗透率；

　　　K_w——水相有效渗透率，μm^2；

　　　K_o——油相有效渗透率，μm^2；

　　　K——绝对渗透率，μm^2。

相对渗透率曲线可以有多种相关经验公式表示，本书采用幂函数解析表达式[3]：

$$K_{rw} = K_{rw}(S_{or}) S_{wd}^{n_w} \qquad\qquad (1.2\text{-}3)$$

$$K_{ro} = K_{ro}(S_{wi})(1 - S_{wd})^{n_o} \qquad\qquad (1.2\text{-}4)$$

其中：

$$S_{wd} = \frac{S_{we} - S_{wi}}{1 - S_{wi} - S_{or}} \qquad\qquad (1.2\text{-}5)$$

式中　$K_{rw}(S_{or})$——在残余油饱和度下的水相相对渗透率；

　　　$K_{ro}(S_{wi})$——在束缚水饱和度下的油相相对渗透率；

　　　S_{wd}——标准化的含水饱和度；

　　　n_w——水相指数；

　　　n_o——油相指数；

　　　S_{we}——出口端含水饱和度；

　　　S_{wi}——束缚水饱和度；

　　　S_{or}——残余油饱和度。

影响相对渗透率曲线参数及形状的主要因素有岩石孔隙结构、岩石润湿性、流体物性、油水饱和顺序及温度等。通常情况下 n_w 和 n_o 的值为 $2\sim4$。

通过相对渗透率曲线的幂函数表达式，可以揭示宏观动态规律和微观渗流规律的内在联系。

1.3　分流量方程

分流量方程是莱弗里特(Leverett)于1941年推导出的一个方程[2]。

假设在多孔介质中存在油水两相，那么水的分流量方程可以表示如下：

$$f_w = \frac{q_w}{q_w + q_o}$$ (1.3-1)

式中　f_w——水相分流量；

　　　q_w——水相流量，cm^3/s；

　　　q_o——油相流量，cm^3/s。

　　或：

$$f_w = \frac{v_w}{v_w + v_o}$$ (1.3-2)

式中　v_w——水的流速，cm/s；

　　　v_o——油的流速，cm/s。

假设油水两相流动均服从达西定律，油水两相的运动方程可以表示如下[4]：

$$v_o = -\frac{KK_{ro}}{\mu_o}(\frac{dp_o}{dx} + \rho_o g\sin\alpha)$$ (1.3-3)

$$v_w = -\frac{KK_{rw}}{\mu_w}(\frac{dp_w}{dx} + \rho_w g\sin\alpha)$$ (1.3-4)

式中　p_o——油相压力，$10^{-1}MPa$；

　　　p_w——水相压力，$10^{-1}MPa$；

　　　μ_o——油的黏度，$mPa \cdot s$；

　　　μ_w——水的黏度，$mPa \cdot s$；

　　　ρ_o——油的密度，g/cm^3；

　　　ρ_w——水的密度，g/cm^3；

　　　g——重力加速度，cm/s^2；

　　　α——水驱油方向与水平方向的夹角，（°）。

若忽略重力的影响，其运动方程可以表示为：

$$v_o = -\frac{KK_{ro}}{\mu_o}\frac{dp_o}{dx}$$ (1.3-5)

$$v_w = -\frac{KK_{rw}}{\mu_w}\frac{dp_w}{dx}$$ (1.3-6)

油水产量可以表示为：

$$q_o = -\frac{KK_{ro}}{\mu_o}A\frac{dp_o}{dx}$$ (1.3-7)

$$q_w = -\frac{KK_{rw}}{\mu_w}A\frac{dp_w}{dx}$$ (1.3-8)

令

$$p_c = p_o - p_w \tag{1.3-9}$$

$$\Delta\rho = \rho_w - \rho_o \tag{1.3-10}$$

$$v_t = v_w + v_o \tag{1.3-11}$$

公式(1.3-3)和公式(1.3-4)变形后可得：

$$\frac{\mu_o}{KK_{ro}}v_o = -\frac{dp_o}{dx} - \rho_o g\sin\alpha \tag{1.3-12}$$

$$\frac{\mu_w}{KK_{rw}}v_w = -\frac{dp_w}{dx} - \rho_w g\sin\alpha \tag{1.3-13}$$

公式(1.3-13)和公式(1.3-12)相减并整理后可得：

$$v_w = \frac{\dfrac{\mu_o}{KK_{ro}}v_t + \dfrac{dp_c}{dx} - \Delta\rho g\sin\alpha}{\dfrac{\mu_w}{KK_{rw}} + \dfrac{\mu_o}{KK_{ro}}} \tag{1.3-14}$$

将公式(1.3-14)代入公式(1.3-2)可得考虑毛管力和重力的分流量方程：

$$f_w = \frac{1 + \dfrac{KK_{ro}}{\mu_o v_t}\left(\dfrac{dp_c}{dx} - \Delta\rho g\sin\alpha\right)}{1 + \dfrac{\mu_w}{\mu_o}\dfrac{K_{ro}}{K_{rw}}} \tag{1.3-15}$$

若忽略毛管力和重力，那么分流量方程可以简化为：

$$f_w = \frac{1}{1 + \dfrac{\mu_w}{\mu_o}\dfrac{K_{ro}}{K_{rw}}} \tag{1.3-16}$$

公式(1.3-16)中的含水率是地层条件下的含水率，若是地面含水率，那么分流量方程可以改写为：

$$f_{ws} = \frac{1}{1 + \dfrac{B_w}{B_o}\dfrac{\mu_w}{\mu_o}\dfrac{K_{ro}}{K_{rw}}} \tag{1.3-17}$$

式中　f_{ws}——地面含水率；

　　　B_o——油的体积系数；

　　　B_w——水的体积系数。

根据分流量方程(1.3-16)可得：

$$\frac{f_w}{1 - f_w} = \frac{\mu_o}{\mu_w}\frac{K_{rw}}{K_{ro}} \tag{1.3-18}$$

或：

$$\frac{f_{ws}}{1 - f_{ws}} = \frac{B_o}{B_w}\frac{\mu_o}{\mu_w}\frac{K_{rw}}{K_{ro}} \tag{1.3-19}$$

将公式(1.2-3)、公式(1.2-4)代入公式(1.3-18)、公式(1.3-19)可得：

$$\frac{f_w}{1 - f_w} = \frac{MS_{wd}^{n_w}}{(1 - S_{wd})^{n_o}} \tag{1.3-20}$$

$$\frac{f_{ws}}{1 - f_{ws}} = \frac{M_s S_{wd}^{n_w}}{(1 - S_{wd})^{n_o}} \tag{1.3-21}$$

其中：

$$M = \frac{\mu_o K_{rw}(S_{or})}{\mu_w K_{ro}(S_{wi})} \tag{1.3-22}$$

$$M_s = \frac{B_o \mu_o K_{rw}(S_{or})}{B_w \mu_w K_{ro}(S_{wi})} \tag{1.3-23}$$

本书后面涉及的含水率不再区分地层含水率和地面含水率，若是地层含水率，那么 M 为水油流度比；若是地面含水率，那么 M 理解为水油流度比和油水体积系数比的乘积即可。

分流量方程可以表示为：

$$f_w = \frac{MS_{wd}^{n_w}}{MS_{wd}^{n_w} + (1 - S_{wd})^{n_o}} \tag{1.3-24}$$

对标准化的含水饱和度求导后可得：

$$\frac{df_w}{dS_{wd}} = \frac{MS_{wd}^{n_w-1}(1 - S_{wd})^{n_o-1}[n_w(1 - S_{wd}) + n_o S_{wd}]}{[MS_{wd}^{n_w} + (1 - S_{wd})^{n_o}]^2} \tag{1.3-25}$$

1.4 Buckley-Leverett 驱替理论

1.4.1 Buckley-Leverett 方程

1942 年，Buckley-Leverett 提出了水驱油前缘驱动方程式[5]，建立了基本的水驱油理论。其假设条件是：

（1）稳定的一维驱替；

（2）油和水不可压缩，且为非混相；

（3）忽略毛管力和重力。

Buckley-Leverett 方程的理论基础是分流量方程和质量守恒定律。方程表达式可以描述如下：

$$\frac{\mathrm{d}x}{\mathrm{d}t} = \frac{q_\mathrm{t}}{A\phi} \frac{\mathrm{d}f_\mathrm{w}}{\mathrm{d}S_\mathrm{w}} \qquad (1.4-1)$$

式中　q_t——恒定的注水速率，cm^3/s；

　　　S_w——含水饱和度；

　　　ϕ——流动截面的孔隙度；

$\dfrac{\mathrm{d}f_\mathrm{w}}{\mathrm{d}S_\mathrm{w}}$——分流量曲线的斜率。

公式(1.4-1)分离变量并积分可得：

$$x = \frac{1}{A\phi} \frac{\mathrm{d}f_\mathrm{w}}{\mathrm{d}S_\mathrm{w}} \int_0^t q_\mathrm{t} \mathrm{d}t \qquad (1.4-2)$$

或：

$$x = \frac{W_\mathrm{i}}{A\phi} \frac{\mathrm{d}f_\mathrm{w}}{\mathrm{d}S_\mathrm{w}} \qquad (1.4-3)$$

式中　x——某一等饱和度面的推进距离，cm；

　　　W_i——累积注入水量，cm^3。

1.4.2　前缘含水饱和度方程

假如水驱前缘处于 x 位置，前缘含水饱和度为 S_wf，对应含水率为 f_wf，其左侧区域为两相流动区，其右侧区域为纯油流动区，含水饱和度为束缚水饱和度 S_wi。在 $\mathrm{d}t$ 时间内，水驱前缘从左侧向右移动了 $\mathrm{d}x$ 距离。由于时间足够短，移动的距离也很短，可以假设 $\mathrm{d}x$ 内均为前缘饱和度 S_wf，含水率为 f_wf。

根据质量守恒原理可得[6]：

$$q_\mathrm{t} \mathrm{d}t f_\mathrm{wf} = A\phi \mathrm{d}x (S_\mathrm{wf} - S_\mathrm{wi}) \qquad (1.4-4)$$

即：

$$\frac{\mathrm{d}x}{\mathrm{d}t} = \frac{q_\mathrm{t} f_\mathrm{wf}}{A\phi (S_\mathrm{wf} - S_\mathrm{wi})} \qquad (1.4-5)$$

联立公式(1.4-1)和公式(1.4-5)可得：

$$f_\mathrm{wf} = \left(\frac{\mathrm{d}f_\mathrm{w}}{\mathrm{d}S_\mathrm{w}} \right)_{S_\mathrm{wf}} (S_\mathrm{wf} - S_\mathrm{wi}) \qquad (1.4-6)$$

公式(1.4-6)即为前缘含水饱和度方程。

若用标准化含水饱和度表示，那么前缘含水饱和度方程(1.4-6)可改写为：

$$f_{wf} = \left(\frac{\mathrm{d}f_w}{\mathrm{d}S_{wd}}\right)_{S_{wdf}} S_{wdf} \tag{1.4-7}$$

式中 S_{wdf}——标准化前缘含水饱和度。

即：

$$\frac{f_{wf}}{S_{wdf}} = \left(\frac{\mathrm{d}f_w}{\mathrm{d}S_{wd}}\right)_{S_{wdf}} \tag{1.4-8}$$

由此可得水驱前缘推进的距离公式：

$$x = \frac{W_i}{A\phi} \frac{f_{wf}}{S_{wdf}} \tag{1.4-9}$$

将公式(1.3-25)代入公式(1.4-8)可得：

$$\frac{f_{wf}}{S_{wdf}} = \frac{MS_{wdf}^{n_w}(1-S_{wdf})^{n_o}[n_w(1-S_{wdf})+n_o S_{wdf}]}{[MS_{wdf}^{n_w}+(1-S_{wdf})^{n_o}]^2 S_{wdf}(1-S_{wdf})} \tag{1.4-10}$$

结合公式(1.3-20)和公式(1.3-24)，公式(1.4-10)整理后可得：

$$\frac{1}{1-f_{wf}} = n_w + n_o \frac{S_{wdf}}{1-S_{wdf}} \tag{1.4-11}$$

从公式(1.4-11)可以看出，水驱前缘处的液油产量比与标准化水油饱和度比呈线性关系，其斜率为油相指数，截距为水相指数。

公式(1.4-11)可以改写为：

$$\frac{f_{wf}}{1-f_{wf}} = n_w - 1 + n_o \frac{S_{wdf}}{1-S_{wdf}} \tag{1.4-12}$$

公式(1.4-12)即为采用相渗参数表示的前缘含水饱和度方程。

将公式(1.3-20)代入公式(1.4-12)可得：

$$\frac{MS_{wdf}^{n_w}}{(1-S_{wdf})^{n_o}} = n_w - 1 + n_o \frac{S_{wdf}}{1-S_{wdf}} \tag{1.4-13}$$

1.5 Welge(威尔杰)方程

1952年，Welge 推导出了一个可以描述水驱油时岩心中平均含水饱和度$\bar{S}_w$与岩心出口端含水饱和度 S_{we}关系的方程式[1]。

假设一维岩心水驱油驱替过程中含水饱和度如图1-1所示。

Welge 用简单的一维积分求出了水驱前缘突破后岩心中的平均含水饱和度：

$$\bar{S}_w = \frac{\int_0^{x_e} S_w \mathrm{d}x}{x_e} \tag{1.5-1}$$

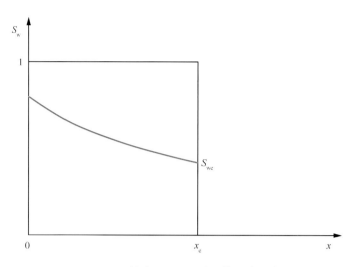

图 1-1　一维岩心见水后含水饱和度分布

式中　x_e——岩心出口端与入口端的距离。

将公式(1.4-3)代入公式(1.5-1)可得：

$$\overline{S}_w = \frac{\int_0^{f'_w(S_{we})} S_w \mathrm{d}f'_w}{f'_w(S_{we})}$$

(1.5-2)

对公式(1.5-2)进行分部积分后可得：

$$\overline{S}_w = \frac{S_{we} f'_w(S_{we}) - \int_{1-S_{or}}^{S_{we}} f'_w \mathrm{d}S_w}{f'_w(S_{we})}$$

(1.5-3)

即：

$$\overline{S}_w = S_{we} + \frac{1 - f_w(S_{we})}{f'_w(S_{we})}$$

(1.5-4)

公式(1.5-4)即为 Welge 微分方程。

根据公式(1.4-3)可得：

$$f'_w(S_{we}) = \frac{1}{Q_i}$$

(1.5-5)

其中：

$$Q_i = \frac{W_i}{A\phi x_e}$$

(1.5-6)

式中　Q_i——注入孔隙体积倍数。

将公式(1.2-5)代入公式(1.3-20)可得含水率的计算公式：

$$f_w = \frac{M(S_{we} - S_{wi})^{n_w}}{M(S_{we} - S_{wi})^{n_w} + (1 - S_{wi} - S_{or})^{n_w - n_o} (1 - S_{we} - S_{or})^{n_o}}$$

(1.5-7)

公式(1.5-7)两边对出口端含水饱和度进行求导可得：

$$\frac{\mathrm{d}f_w}{\mathrm{d}S_{we}} = \frac{M\left(1 - S_{wi} - S_{or}\right)^{n_w - n_o}\left(S_{we} - S_{wi}\right)^{n_w - 1}\left(1 - S_{we} - S_{or}\right)^{n_o - 1}\left[n_w\left(1 - S_{we} - S_{or}\right) + n_o\left(S_{we} - S_{wi}\right)\right]}{\left[M\left(S_{we} - S_{wi}\right)^{n_w} + \left(1 - S_{wi} - S_{or}\right)^{n_w - n_o}\left(1 - S_{we} - S_{or}\right)^{n_o}\right]^2}$$

$$(1.5-8)$$

将公式(1.5-7)和公式(1.5-8)代入公式(1.5-4)并整理可得[7]：

$$\overline{S}_w = S_{we} + \frac{\left(1 - S_{we} - S_{or}\right)\left(S_{we} - S_{wi}\right)}{n_o\left(S_{we} - S_{wi}\right) + n_w\left(1 - S_{we} - S_{or}\right)}\left[1 + \frac{\left(1 - S_{wi} - S_{or}\right)^{n_w - n_o}}{M}\frac{\left(1 - S_{we} - S_{or}\right)^{n_o}}{\left(S_{we} - S_{wi}\right)^{n_w}}\right]$$

$$(1.5-9)$$

在已知束缚水饱和度和残余油饱和度的情况下，根据公式(1.5-9)可以通过出口端含水饱和度计算出平均含水饱和度，还可以绘出关系图。图 1-2、图 1-3 和图 1-4 分别是在 $M=0.1$、$n_w=4$、$n_o=2$，$M=1$、$n_w=3$、$n_o=3$ 和 $M=10$、$n_w=2$、$n_o=4$ 下平均含水饱和度与出口端含水饱和度的关系(假设 $S_{or}=0.20$、$S_{wi}=0.25$)。由图可见平均含水饱和度与出口端含水饱和度具有相当好的线性相关性。

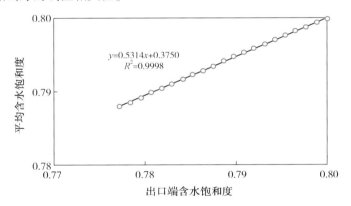

图 1-2　平均含水饱和度和出口端含水饱和度的关系
（$M=0.1$、$n_w=4$、$n_o=2$）

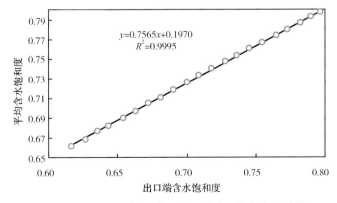

图 1-3　平均含水饱和度和出口端含水饱和度的关系
（$M=1$、$n_w=3$、$n_o=3$）

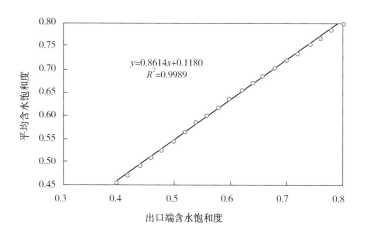

图 1-4　平均含水饱和度和出口端含水饱和度的关系

（$M=10$，$n_\mathrm{w}=2$，$n_\mathrm{o}=4$）

由此可见，Welge 微分方程可以转化为线性方程：

$$\overline{S}_\mathrm{w} = wS_\mathrm{we} + b \tag{1.5-10}$$

式中　w——Welge 系数。

在不同条件下的 w 值和相关系数见表 1-1。

当出口端的含油饱和度趋于残余油饱和度时，出口端的含水饱和度和平均含水饱和度均趋于 $1-S_\mathrm{or}$，即：

$$1 - S_\mathrm{or} = w(1 - S_\mathrm{or}) + b \tag{1.5-11}$$

由此可得：

$$b = (1 - w)(1 - S_\mathrm{or}) \tag{1.5-12}$$

将公式(1.5-12)代入公式(1.5-10)可得 Welge 线性方程新形式：

$$\overline{S}_\mathrm{w} = wS_\mathrm{we} + (1 - w)(1 - S_\mathrm{or}) \tag{1.5-13}$$

水驱前缘到达出口端时，公式(1.5-13)可改写为：

$$\overline{S}_\mathrm{wbt} = wS_\mathrm{wf} + (1 - w)(1 - S_\mathrm{or}) \tag{1.5-14}$$

式中　$\overline{S}_\mathrm{wbt}$——水驱前缘突破时的平均含水饱和度。

根据公式(1.5-4)和公式(1.4-6)，平均含水饱和度与束缚水饱和度的关系如下：

$$\overline{S}_\mathrm{wbt} = S_\mathrm{wi} + \frac{1}{f_\mathrm{wf}}(S_\mathrm{wf} - S_\mathrm{wi}) \tag{1.5-15}$$

表 1-1 线性回归计算的 Welge 系数表

M	n_w	n_o	S_{wdf}	w	R^2
0.1	2	2	0.9535	0.5129	1.0000
0.1	2	3	0.8380	0.6900	1.0000
0.1	2	4	0.7425	0.7741	1.0000
0.1	3	2	0.9563	0.5228	0.9999
0.1	3	3	0.8526	0.7040	0.9999
0.1	3	4	0.7664	0.7866	0.9999
0.1	4	2	0.9586	0.5314	0.9998
0.1	4	3	0.8638	0.7148	0.9998
0.1	4	4	0.7845	0.7959	0.9998
1	2	2	0.7071	0.5930	0.9994
1	2	3	0.5970	0.7360	0.9997
1	2	4	0.5251	0.8038	0.9998
1	3	2	0.7709	0.6208	0.9986
1	3	3	0.6667	0.7565	0.9995
1	3	4	0.5955	0.8193	0.9997
1	4	2	0.8068	0.6382	0.9982
1	4	3	0.7094	0.7695	0.9993
1	4	4	0.6409	0.8292	0.9996
10	2	2	0.3015	0.7870	0.9944
10	2	3	0.2836	0.8315	0.9979
10	2	4	0.2665	0.8614	0.9989
10	3	2	0.4725	0.7803	0.9953
10	3	3	0.4293	0.8339	0.9981
10	3	4	0.3952	0.8661	0.9990
10	4	2	0.5690	0.7814	0.9956
10	4	3	0.5153	0.8381	0.9982
10	4	4	0.4741	0.8706	0.9990
100	2	2	0.0995	0.9264	0.9875
100	2	3	0.0986	0.9237	0.9934
100	2	4	0.0975	0.9265	0.9961
100	3	2	0.2470	0.8985	0.9923
100	3	3	0.2355	0.9063	0.9961
100	3	4	0.2251	0.9150	0.9977
100	4	2	0.3605	0.8854	0.9940
100	4	3	0.3385	0.8994	0.9970
100	4	4	0.3197	0.9114	0.9982

对比公式(1.5-14)和公式(1.5-15)可得:

$$w S_{\mathrm{wf}} + (1 - w)(1 - S_{\mathrm{or}}) = S_{\mathrm{wi}} + \frac{1}{f_{\mathrm{wf}}}(S_{\mathrm{wf}} - S_{\mathrm{wi}}) \tag{1.5-16}$$

由公式(1.5-16)可得:

$$w = \frac{1 - S_{\mathrm{wi}} - S_{\mathrm{or}}}{1 - S_{\mathrm{wf}} - S_{\mathrm{or}}} - \frac{1}{f_{\mathrm{wf}}} \frac{S_{\mathrm{wf}} - S_{\mathrm{wi}}}{1 - S_{\mathrm{wf}} - S_{\mathrm{or}}} \tag{1.5-17}$$

公式(1.5-17)可以改写为:

$$w = \frac{1 - S_{\mathrm{wf}} - S_{\mathrm{or}} + S_{\mathrm{wf}} - S_{\mathrm{wi}}}{1 - S_{\mathrm{wf}} - S_{\mathrm{or}}} - \frac{1}{f_{\mathrm{wf}}} \frac{S_{\mathrm{wf}} - S_{\mathrm{wi}}}{1 - S_{\mathrm{wf}} - S_{\mathrm{or}}} \tag{1.5-18}$$

整理后可得:

$$w = 1 - \frac{1 - f_{\mathrm{wf}}}{f_{\mathrm{wf}}} \frac{S_{\mathrm{wf}} - S_{\mathrm{wi}}}{1 - S_{\mathrm{wf}} - S_{\mathrm{or}}} \tag{1.5-19}$$

含水饱和度标准化后可得系数 w 的计算公式:

$$w = 1 - \frac{1 - f_{\mathrm{wf}}}{f_{\mathrm{wf}}} \frac{S_{\mathrm{wdf}}}{1 - S_{\mathrm{wdf}}} \tag{1.5-20}$$

将公式(1.4-12)代入公式(1.5-20)可得:

$$\frac{f_{\mathrm{wf}}}{1 - f_{\mathrm{wf}}} = \frac{n_{\mathrm{w}} - 1}{1 - n_{\mathrm{o}}(1 - w)} \tag{1.5-21}$$

将公式(1.5-21)代入公式(1.4-12)可得:

$$\frac{S_{\mathrm{wdf}}}{1 - S_{\mathrm{wdf}}} = \frac{(1 - w)(n_{\mathrm{w}} - 1)}{1 - n_{\mathrm{o}}(1 - w)} \tag{1.5-22}$$

由公式(1.5-22)可得:

$$S_{\mathrm{wdf}} = \frac{(1 - w)(n_{\mathrm{w}} - 1)}{1 + (1 - w)(n_{\mathrm{w}} - n_{\mathrm{o}} - 1)} \tag{1.5-23}$$

将公式(1.5-23)代入公式(1.4-13)可得[8]:

$$M = \frac{[1 - n_{\mathrm{o}}(1 - w)]^{n_{\mathrm{o}} - 1} [1 + (1 - w)(n_{\mathrm{w}} - n_{\mathrm{o}} - 1)]^{n_{\mathrm{w}} - n_{\mathrm{o}}}}{(1 - w)^{n_{\mathrm{w}}} (n_{\mathrm{w}} - 1)^{n_{\mathrm{w}} - 1}} \tag{1.5-24}$$

根据公式(1.5-24)可以计算出不同条件下的 w 值,见表 1-2。

对比表 1-2 和表 1-1 可知,公式(1.5-24)计算出的 w 值与线性回归得到的 w 值几乎完全一致,相对误差在 5% 以内(图 1-5)。

表 1-2　理论公式计算的 Welge 系数表

M	n_w	n_o	S_{wdf}	f_{wf}	w
0.1	2	2	0.9535	0.9767	0.5119
0.1	2	3	0.8380	0.9429	0.6868
0.1	2	4	0.7425	0.9261	0.7699
0.1	3	2	0.9563	0.9786	0.5219
0.1	3	3	0.8526	0.9509	0.7011
0.1	3	4	0.7664	0.9380	0.7831
0.1	4	2	0.9586	0.9801	0.5304
0.1	4	3	0.8638	0.9566	0.7121
0.1	4	4	0.7845	0.9461	0.7927
1	2	2	0.7071	0.8536	0.5858
1	2	3	0.5970	0.8448	0.7279
1	2	4	0.5251	0.8443	0.7961
1	3	2	0.7709	0.8972	0.6145
1	3	3	0.6667	0.8889	0.7500
1	3	4	0.5955	0.8875	0.8134
1	4	2	0.8068	0.9190	0.6321
1	4	3	0.7094	0.9117	0.7635
1	4	4	0.6409	0.9102	0.8240
10	2	2	0.3015	0.6508	0.7683
10	2	3	0.2836	0.6863	0.8190
10	2	4	0.2665	0.7104	0.8519
10	3	2	0.4725	0.7913	0.7637
10	3	3	0.4293	0.8098	0.8233
10	3	4	0.3952	0.8219	0.8584
10	4	2	0.5690	0.8494	0.7660
10	4	3	0.5153	0.8609	0.8282
10	4	4	0.4741	0.8685	0.8635
100	2	2	0.0995	0.5498	0.9095
100	2	3	0.0986	0.5705	0.9176
100	2	4	0.0975	0.5888	0.9246
100	3	2	0.2470	0.7265	0.8765
100	3	3	0.2355	0.7452	0.8946
100	3	4	0.2251	0.7597	0.9081
100	4	2	0.3605	0.8050	0.8634
100	4	3	0.3385	0.8193	0.8872
100	4	4	0.3197	0.8299	0.9037

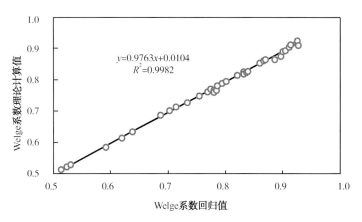

图 1-5　Welge 系数理论值和回归值的关系

1.6　小结

本章基于相对渗透率曲线的幂函数表达式，将水驱前缘含水饱和度的微分方程：

$$f_{wf} = \left(\frac{df_w}{dS_{wd}} \right)_{S_{wdf}} S_{wdf} \tag{1.4-7}$$

转化为水驱前缘含水饱和度的线性方程：

$$\frac{f_{wf}}{1 - f_{wf}} = n_w - 1 + n_o \frac{S_{wdf}}{1 - S_{wdf}} \tag{1.4-12}$$

将 Welge 微分方程：

$$\overline{S}_w = S_{we} + \frac{1 - f_w(S_{we})}{f'_w(S_{we})} \tag{1.5-4}$$

转化为 Welge 线性方程：

$$\overline{S}_w = w S_{we} + (1 - w)(1 - S_{or}) \tag{1.5-13}$$

由此引入了 Welge 系数 w 的概念，其值与水油流度比、水相指数和油相指数有关。其关系式为：

$$M = \frac{[1 - n_o(1 - w)]^{n_o - 1} [1 + (1 - w)(n_w - n_o - 1)]^{n_w - n_o}}{(1 - w)^{n_w}(n_w - 1)^{n_w - 1}} \tag{1.5-24}$$

参 考 文 献

[1] 张建国，杜殿发，侯健，等. 油气层渗流力学[M]. 东营：中国石油大学出版社，2009.

[2] 叶庆全，袁敏. 油气田开发常用名词解释(第三版)[M]. 北京：石油工业出版社，2009.

[3] 塔雷克·艾哈迈德. 油藏工程手册(第三版)(原书影印版)[M]. 北京：石油工业出版社，2009.

［4］李晓平．地下油气渗流力学［M］．北京：石油工业出版社，2008.

［5］John. R. Fanchi. Integrated reservoir asset management［M］. Elsevier, 2010.

［6］刘德华，刘志森．油藏工程基础［M］．北京：石油工业出版社，2008.

［7］Zhang Jinqing, Yang Renfeng. A further study on Welge equation［J］. Energy Exploration & Exploitation, 2018，36(5)：1103-1113.

［8］张金庆．水驱曲线的进一步理论探讨及童氏图版的改进［J］．中国海上油气，2019，31(1)：86-93.

2

水驱油驱替规律

本章基于水驱油理论来进一步探讨水驱油驱替规律,内容包括含水上升变化规律、采油采液指数变化规律和递减率变化规律。这些规律本质上取决于水油流度比和相对渗透率曲线,即宏观的驱替规律依赖于微观的渗流规律。

理论上,含水率随可动油储量采出程度凸形上升;含水上升率随可动油储量采出程度凹形下降,随含水率凸形下降。但实际上含水率随可动油储量采出程度通常是先凹形上升而后凸形上升;含水上升率随可动油储量采出程度通常是先凹形上升后凸形上升,然后凸形下降,最后是凹形下降,随含水率通常是先凸形上升后凸形下降。

无因次采油指数在见水前随可动油储量采出程度的增加理论上会出现下降(阻力系数大于1)、上升(阻力系数小于1)、稳定(阻力系数等于1)等不同变化规律;见水后随可动油储量采出程度的增加理论上无因次采油指数通常单调下降,但实际上由于非均质性、黏性指进等现象的存在,见水时储层并未完全被驱替到,有可能出现见水初期无因次采油指数上升的现象。

递减率与含水上升率之间具有定量关系,递减率由含水上升率和产液量变化率构成。定液生产条件下,递减率和含水上升率成正比关系,系数是产液量和可动油储量的比值;定压生产条件下,递减率和近似储采比的倒数成正比,系数是油相指数。

2.1 含水上升变化规律

本节重点讨论含水率、含水上升率、可动油储量采出程度的相互关系,以进一步揭示含水上升规律的影响因素及出现不同变化类型的原因。

2.1.1 含水率与可动油储量采出程度的关系

根据 Welge 方程(1.5-13)可得出口端含水饱和度和平均含水饱和度的关系:

$$S_{we} = \frac{\overline{S}_w - (1-w)(1-S_{or})}{w} \tag{2.1-1}$$

将公式(2.1-1)代入公式(1.2-5)可得:

$$S_{wd} = 1 + \frac{\overline{S}_w - (1-S_{or})}{w(1-S_{wi}-S_{or})} \tag{2.1-2}$$

由文献[1]可知:

$$\overline{S}_w = \frac{S_{oi}N_p}{N_o} + S_{wi} \tag{2.1-3}$$

式中 N_p——累积产油量;

N_o——水驱地质储量。

将公式(2.1-3)代入公式(2.1-2)可得：

$$S_{wd} = 1 - \frac{1}{w} + \frac{N_p}{wN_R} \qquad (2.1-4)$$

式中 N_R——水驱可动油储量。

令：

$$R_f = \frac{N_p}{N_R} \qquad (2.1-5)$$

式中 R_f——可动油储量采出程度。

即：

$$S_{wd} = \frac{1}{w}(R_f + w - 1) \qquad (2.1-6)$$

将公式(2.1-6)代入公式(1.3-20)得水油比和可动油储量采出程度的关系：

$$\frac{f_w}{1-f_w} = \frac{Mw^{n_o-n_w}(R_f + w - 1)^{n_w}}{(1-R_f)^{n_o}} \qquad (2.1-7)$$

由此可得含水率和可动油储量采出程度的关系：

$$f_w = \frac{Mw^{n_o-n_w}(R_f + w - 1)^{n_w}}{(1-R_f)^{n_o} + Mw^{n_o-n_w}(R_f + w - 1)^{n_w}} \qquad (2.1-8)$$

根据 Buckley-Leverett 方程，理论上，在水驱前缘突破前，含水率为0，水驱前缘突破后($S_{wd} \geqslant S_{wdf}$时)含水率可由式(2.1-8)计算得到，即图2-1中的理论含水率。含水率和可动油储量采出程度的关系全是凸形的(图2-1)，但由于储层存在非均质性、渗流过程中存在黏性指进等复杂因素，实际上没有明显的等饱和度面，渗流存在指进现象，含水饱和度(标

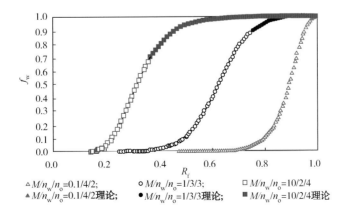

△ $M/n_w/n_o$=0.1/4/2;　　○ $M/n_w/n_o$=1/3/3;　　□ $M/n_w/n_o$=10/2/4;
▲ $M/n_w/n_o$=0.1/4/2理论;　　● $M/n_w/n_o$=1/3/3理论;　　■ $M/n_w/n_o$=10/2/4理论

图2-1　含水率和可动油储量采出程度的关系

准化)S_{wd}可以假设从零开始,这时可得到含水率与可动油储量采出程度的整条关系曲线,大体可分为三种类型,即"凹"型、"S"型和"凸"型(图2-1)。不同类型主要受水油流度比、水相指数和油相指数的影响。

2.1.2 可动油储量采出程度与含水率的关系

对比公式(1.3-20)和文献[2]的公式(1-9),再根据文献[2]的公式(1-17)可得:

$$S_{wd} = 1 - \cfrac{1}{\left[1 + 0.006738 \exp\left(\cfrac{3.5 n_w + 6.5 n_o}{n_w + n_o}\right)\left(\cfrac{1}{M}\cfrac{f_w}{1-f_w}\right)^{\frac{1.3 n_w + 0.7 n_o}{n_w(n_w + n_o)}}\right]^{\frac{n_w}{n_o}}} \qquad (2.1-9)$$

将公式(2.1-9)代入公式(2.1-6)可得可动油储量采出程度和含水率的关系:

$$R_f = 1 - \cfrac{w}{\left[1 + 0.006738 \exp\left(\cfrac{3.5 n_w + 6.5 n_o}{n_w + n_o}\right)\left(\cfrac{1}{M}\cfrac{f_w}{1-f_w}\right)^{\frac{1.3 n_w + 0.7 n_o}{n_w(n_w + n_o)}}\right]^{\frac{n_w}{n_o}}} \qquad (2.1-10)$$

2.1.3 含水上升率与可动油储量采出程度的关系

公式(2.1-8)对可动油储量采出程度进行求导可得含水上升率和可动油储量采出程度的关系:

$$f_w' = \frac{M w^{n_o - n_w}(R_f + w - 1)^{n_w - 1}(1 - R_f)^{n_o - 1}\left[n_w(1 - R_f) + n_o(R_f + w - 1)\right]}{\left[M w^{n_o - n_w}(R_f + w - 1)^{n_w} + (1 - R_f)^{n_o}\right]^2} \qquad (2.1-11)$$

本书中的含水上升率定义为每采出1%可动油储量的含水率上升值。

含水上升率随可动油储量采出程度的增加先增后降,原油黏度越大,达到高峰值时的可动油储量采出程度越低(图2-2)。由图2-2可见,理论上在水驱前缘突破后含水上升率随可动油储量采出程度的关系是单调凹形下降的。

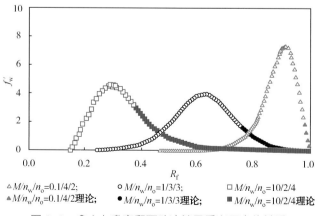

图2-2 含水上升率和可动油储量采出程度的关系

2.1.4 含水上升率与含水率的关系

公式(2.1-10)对含水率求导可得：

$$\frac{\mathrm{d}R_\mathrm{f}}{\mathrm{d}f_\mathrm{w}}=\frac{0.006738w\dfrac{1.3n_\mathrm{w}+0.7n_\mathrm{o}}{n_\mathrm{o}(n_\mathrm{w}+n_\mathrm{o})}\exp\left(\dfrac{3.5n_\mathrm{w}+6.5n_\mathrm{o}}{n_\mathrm{w}+n_\mathrm{o}}\right)\left(\dfrac{1}{M}\dfrac{f_\mathrm{w}}{1-f_\mathrm{w}}\right)^{\frac{1.3n_\mathrm{w}+0.7n_\mathrm{o}}{n_\mathrm{w}(n_\mathrm{w}+n_\mathrm{o})}}}{f_\mathrm{w}(1-f_\mathrm{w})\left[1+0.006738\exp\left(\dfrac{3.5n_\mathrm{w}+6.5n_\mathrm{o}}{n_\mathrm{w}+n_\mathrm{o}}\right)\left(\dfrac{1}{M}\dfrac{f_\mathrm{w}}{1-f_\mathrm{w}}\right)^{\frac{1.3n_\mathrm{w}+0.7n_\mathrm{o}}{n_\mathrm{w}(n_\mathrm{w}+n_\mathrm{o})}}\right]^{\frac{n_\mathrm{w}}{n_\mathrm{o}}+1}}\qquad(2.1-12)$$

即：

$$f_\mathrm{w}'=\frac{f_\mathrm{w}(1-f_\mathrm{w})\left[1+0.006738\exp\left(\dfrac{3.5n_\mathrm{w}+6.5n_\mathrm{o}}{n_\mathrm{w}+n_\mathrm{o}}\right)\left(\dfrac{1}{M}\dfrac{f_\mathrm{w}}{1-f_\mathrm{w}}\right)^{\frac{1.3n_\mathrm{w}+0.7n_\mathrm{o}}{n_\mathrm{w}(n_\mathrm{w}+n_\mathrm{o})}}\right]^{\frac{n_\mathrm{w}}{n_\mathrm{o}}+1}}{0.006738w\dfrac{1.3n_\mathrm{w}+0.7n_\mathrm{o}}{n_\mathrm{o}(n_\mathrm{w}+n_\mathrm{o})}\exp\left(\dfrac{3.5n_\mathrm{w}+6.5n_\mathrm{o}}{n_\mathrm{w}+n_\mathrm{o}}\right)\left(\dfrac{1}{M}\dfrac{f_\mathrm{w}}{1-f_\mathrm{w}}\right)^{\frac{1.3n_\mathrm{w}+0.7n_\mathrm{o}}{n_\mathrm{w}(n_\mathrm{w}+n_\mathrm{o})}}}\qquad(2.1-13)$$

含水上升率随含水率的增加先增后降，原油黏度越大，含水上升率达高峰时的含水率越低(图2-3)。由图可见，理论上在水驱前缘突破后含水上升率随含水率的关系是单调凸形下降的。

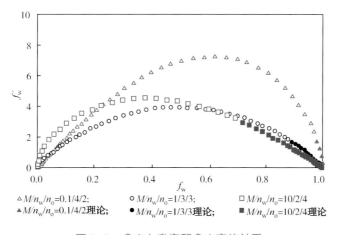

图2-3　含水上升和含水率的关系

2.2　采油采液指数变化规律

本节首先讨论见水前的采油指数变化规律及出现不同变化规律的数学条件，而后讨论见水后采油采液指数的变化规律并给出了显式表达式。

2.2.1　见水前无因次采油指数变化规律

通过考虑平面一维产量公式来认识水驱油的过程。注水井和采油井之间可以分为两个流动区：油水两相渗流区和纯油渗流区(图2-4)。纯油区的渗流阻力容易计算，难点在于两相区的渗流阻力如何计算。

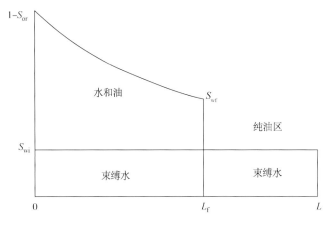

图2-4　平面一维渗流分区图

设注水井的井底压力为p_i，采油井的井底流压为p_{wf}，水驱前缘处的压力为p_f，见水前总产量即为油的产量q_o。根据连续性原理，两相渗流区的流量和纯油渗流区流量相等。即：

$$q_o = \frac{p_i - p_f}{R_{ow}} = \frac{p_f - p_{wf}}{\dfrac{\mu_o}{KK_{ro}(S_{wi})A}(L - L_f)} \qquad (2.2-1)$$

式中　L_f——t时刻水驱前缘的位置；

　　　R_{ow}——油水两相渗流区的渗流阻力。

两相渗流区内任意一点满足：

$$q_o = -KA\left(\frac{K_{rw}}{\mu_w} + \frac{K_{ro}}{\mu_o}\right)\frac{dp}{dx} \qquad (2.2-2)$$

$$dp = -\frac{q_o}{KA}\frac{1}{\dfrac{K_{rw}}{\mu_w} + \dfrac{K_{ro}}{\mu_o}}dx \qquad (2.2-3)$$

公式(2.2-3)两边积分后可得：

$$p_i - p_f = -\frac{q_o}{KA}\int_{L_f}^{0}\frac{1}{\dfrac{K_{rw}}{\mu_w} + \dfrac{K_{ro}}{\mu_o}}dx \qquad (2.2-4)$$

根据公式(1.4-3)可得:

$$dx = \frac{W_i}{A\phi}d\left(\frac{df_w}{dS_w}\right) \tag{2.2-5}$$

将公式(2.2-5)代入公式(2.2-4)可得:

$$p_i - p_f = -\frac{q_o}{KA}\int_{S_{wf}}^{1-S_{or}}\frac{1}{\frac{K_{rw}}{\mu_w}+\frac{K_{ro}}{\mu_o}}\frac{W_i}{A\phi}df'_w \tag{2.2-6}$$

再将公式(1.5-5)和公式(1.5-6)代入公式(2.2-6)可得:

$$p_i - p_f = -\frac{q_o}{KA}\frac{L_f}{f'_{wf}}\int_{f'_{wf}}^{0}\frac{1}{\frac{K_{rw}}{\mu_w}+\frac{K_{ro}}{\mu_o}}df'_w \tag{2.2-7}$$

令:

$$\alpha = -\frac{K_{ro}(S_{wi})}{f'_{wf}}\int_{f'_{wf}}^{0}\frac{1}{K_{ro}+\frac{\mu_o}{\mu_w}K_{rw}}df'_w \tag{2.2-8}$$

那么公式(2.2-6)整理后可得:

$$q_o = \frac{p_i-p_f}{\frac{\mu_o}{KK_{ro}(S_{wi})A}\alpha L_f} \tag{2.2-9}$$

即两相渗流区的阻力为:

$$R_{ow} = \frac{\mu_o}{KK_{ro}(S_{wi})A}\alpha L_f \tag{2.2-10}$$

根据公式(2.2-1)可得:

$$q_o = \frac{KK_{ro}(S_{wi})A}{\mu_o}\frac{p_i-p_{wf}}{\alpha L_f+(L-L_f)} \tag{2.2-11}$$

初始产量,即 $L_f = 0$ 时的产量:

$$q_{oi} = \frac{KK_{ro}(S_{wi})A}{\mu_o}\frac{p_i-p_{wf}}{L} \tag{2.2-12}$$

产量变化规律也可以用无因次采油指数变化规律进行描述:

$$J_D = \frac{q_o}{q_{oi}} \tag{2.2-13}$$

式中　J_D——无因次采油指数;

　　q_{oi}——初始产油量。

将公式(2.2-11)和公式(2.2-12)代入公式(2.2-13)后可得:

$$J_{\mathrm{D}} = \frac{1}{\alpha \dfrac{L_{\mathrm{f}}}{L} + \left(1 - \dfrac{L_{\mathrm{f}}}{L}\right)} \qquad (2.2-14)$$

将公式(1.2-3)和公式(1.2-4)代入公式(2.2-8)得：

$$\alpha = -\frac{1}{f'_{\mathrm{wf}}} \int_{f'_{\mathrm{wf}}}^{0} \frac{1}{(1-S_{\mathrm{wd}})^{n_o} + MS_{\mathrm{wd}}^{n_{\mathrm{w}}}} \mathrm{d}f'_{\mathrm{w}} \qquad (2.2-15)$$

根据积分中值定理：

$$\alpha = -\frac{1}{f'_{\mathrm{wf}}} \frac{1}{(1-S_{\mathrm{wd}\xi})^{n_o} + MS_{\mathrm{wd}\xi}^{n_{\mathrm{w}}}}(0-f'_{\mathrm{wf}}) \qquad (2.2-16)$$

即：

$$\alpha = \frac{1}{(1-S_{\mathrm{wd}\xi})^{n_o} + MS_{\mathrm{wd}\xi}^{n_{\mathrm{w}}}} \qquad (2.2-17)$$

式中 $S_{\mathrm{wd}\xi}$——含水饱和度中值。

根据文献[3]可知，含水饱和度中值可以近似为水驱前缘后的平均含水饱和度，即：

$$\alpha = \frac{1}{(1-\overline{S}_{\mathrm{wd}})^{n_o} + M\,\overline{S}_{\mathrm{wd}}^{n_{\mathrm{w}}}} \qquad (2.2-18)$$

不同条件下阻力系数 α 值大小见表2-1。

若阻力系数值为1，那么由公式(2.2-14)可知，无因次采油指数在见水前始终为常数。

若阻力系数大于1，那么随着水驱前缘靠近出口端，无因次采油指数下降；若阻力系数小于1，那么无因次采油指数反而加大(图2-5)。这仅仅是理论计算的结果，实际油田因为存在非均质性、毛管力和黏性指进等因素，渗流存在指进现象，不存在特别明显的等饱和度面，因此，无因次采油指数的变化与理论计算结果会存在一些差异。

总体来讲，低黏油藏见水前采油指数递减，高黏油藏见水前采油指数递增。

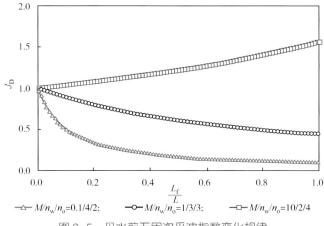

图2-5 见水前无因次采油指数变化规律

表 2-1 阻力系数计算参数及结果

M	n_w	n_o	S_{wdf}	f_{wf}	w	$\bar{S}_{wd}$	α
0.1	2	2	0.9535	0.9767	0.5119	0.9762	10.4319
0.1	2	3	0.8380	0.9429	0.6868	0.8887	12.4436
0.1	2	4	0.7425	0.9261	0.7699	0.8017	15.1929
0.1	3	2	0.9563	0.9786	0.5219	0.9772	10.6575
0.1	3	3	0.8526	0.9509	0.7011	0.8967	13.6623
0.1	3	4	0.7664	0.9380	0.7831	0.8171	17.9622
0.1	4	2	0.9586	0.9801	0.5304	0.9781	10.8708
0.1	4	3	0.8638	0.9566	0.7121	0.9030	14.8364
0.1	4	4	0.7845	0.9461	0.7927	0.8292	20.7813
1	2	2	0.7071	0.8536	0.5858	0.8284	1.3972
1	2	3	0.5970	0.8448	0.7279	0.7066	1.9063
1	2	4	0.5251	0.8443	0.7961	0.6220	2.4554
1	3	2	0.7709	0.8972	0.6145	0.8592	1.5287
1	3	3	0.6667	0.8889	0.7500	0.7500	2.2857
1	3	4	0.5955	0.8875	0.8134	0.6710	3.1865
1	4	2	0.8068	0.9190	0.6321	0.8779	1.6425
1	4	3	0.7094	0.9117	0.7635	0.7781	2.6486
1	4	4	0.6409	0.9102	0.8240	0.7041	3.9464
10	2	2	0.3015	0.6508	0.7683	0.4633	0.4107
10	2	3	0.2836	0.6863	0.8190	0.4132	0.5236
10	2	4	0.2665	0.7104	0.8519	0.3751	0.6412
10	3	2	0.4725	0.7913	0.7637	0.5971	0.4364
10	3	3	0.4293	0.8098	0.8233	0.5302	0.6274
10	3	4	0.3952	0.8219	0.8584	0.4809	0.8442
10	4	2	0.5690	0.8494	0.7660	0.6698	0.4712
10	4	3	0.5153	0.8609	0.8282	0.5985	0.7418
10	4	4	0.4741	0.8685	0.8635	0.5459	1.0747
100	2	2	0.0995	0.5498	0.9095	0.1810	0.2534
100	2	3	0.0986	0.5705	0.9176	0.1729	0.2813
100	2	4	0.0975	0.5888	0.9246	0.1655	0.3100
100	3	2	0.2470	0.7265	0.8765	0.3399	0.2292
100	3	3	0.2355	0.7452	0.8946	0.3161	0.2876

M	n_w	n_o	S_{wdf}	f_{wf}	w	$\overline{S}_{wd}$	α
100	3	4	0.2251	0.7597	0.9081	0.2963	0.3514
100	4	2	0.3605	0.8050	0.8634	0.4478	0.2312
100	4	3	0.3385	0.8193	0.8872	0.4131	0.3210
100	4	4	0.3197	0.8299	0.9037	0.3853	0.4263

2.2.2 见水后无因次采液指数变化规律

根据文献[2]，无因次采液指数可以表示为：

$$J_{DL} = \frac{K_{ro}}{K_{ro}(S_{wi})} + \frac{K_{rw}\mu_o}{K_{ro}(S_{wi})\mu_w} \qquad (2.2\text{-}19)$$

这里的无因次采液指数定义为见水后的采液指数与见水前一刻的采液指数的比值。

将公式(1.2-3)和公式(1.2-4)代入公式(2.2-19)可得：

$$J_{DL} = (1-S_{wd})^{n_o} + MS_{wd}^{n_w} \qquad (2.2\text{-}20)$$

（1）无因次采液指数与可动油储量采出程度的关系

将公式(2.1-6)代入公式(2.2-20)可得无因次采液指数与可动油储量采出程度的关系：

$$J_{DL} = \frac{1}{w^{n_o}}(1-R_f)^{n_o} + \frac{M}{w^{n_w}}(R_f+w-1)^{n_w} \qquad (2.2\text{-}21)$$

无因次采液指数随可动油储量采出程度的增加通常是先降后升，最大值等于 $\max(1, M)$（图2-6）。

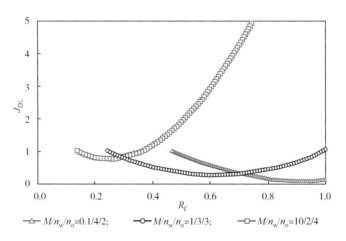

图2-6　无因次采液指数和可动油储量采出程度的关系

（2）无因次采液指数与含水率的关系

将公式(2.1-9)代入公式(2.2-20)可得无因次采液指数与含水率的关系：

$$J_{\mathrm{DL}} = \cfrac{1}{\left[1+0.006738\exp\left(\cfrac{3.5n_{\mathrm{w}}+6.5n_{\mathrm{o}}}{n_{\mathrm{w}}+n_{\mathrm{o}}}\right)\left(\cfrac{1}{M}\cfrac{f_{\mathrm{w}}}{1-f_{\mathrm{w}}}\right)^{\frac{1.3n_{\mathrm{w}}+0.7n_{\mathrm{o}}}{n_{\mathrm{w}}(n_{\mathrm{w}}+n_{\mathrm{o}})}}\right]^{n_{\mathrm{w}}}} +$$

$$M\left\{1-\cfrac{1}{\left[1+0.006738\exp\left(\cfrac{3.5n_{\mathrm{w}}+6.5n_{\mathrm{o}}}{n_{\mathrm{w}}+n_{\mathrm{o}}}\right)\left(\cfrac{1}{M}\cfrac{f_{\mathrm{w}}}{1-f_{\mathrm{w}}}\right)^{\frac{1.3n_{\mathrm{w}}+0.7n_{\mathrm{o}}}{n_{\mathrm{o}}(n_{\mathrm{w}}+n_{\mathrm{o}})}}\right]^{\frac{n_{\mathrm{w}}}{n_{\mathrm{o}}}}}\right\}^{n_{\mathrm{w}}} \qquad (2.2\text{-}22)$$

无因次采液指数随含水率的增加也是先降后升(图2-7)。

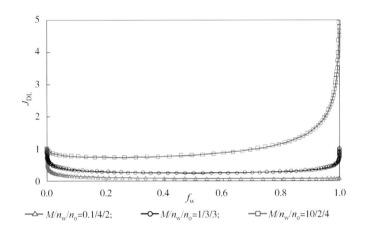

图2-7　无因次采液指数和含水率的关系

2.2.3　见水后无因次采油指数变化规律

无因次采油指数和无因次采液指数的关系是：

$$J_{\mathrm{D}} = (1-f_{\mathrm{w}})J_{\mathrm{DL}} \qquad (2.2\text{-}23)$$

(1) 无因次采油指数与可动油储量采出程度的关系

将公式(2.1-8)和公式(2.2-21)代入公式(2.2-23)可得无因次采油指数与可动油储量采出程度的关系：

$$J_{\mathrm{D}} = \cfrac{(1-R_{\mathrm{f}})^{n_{\mathrm{o}}}}{(1-R_{\mathrm{f}})^{n_{\mathrm{o}}}+Mw^{n_{\mathrm{o}}-n_{\mathrm{w}}}(R_{\mathrm{f}}+w-1)^{n_{\mathrm{w}}}}\left[\cfrac{1}{w^{n_{\mathrm{o}}}}(1-R_{\mathrm{f}})^{n_{\mathrm{o}}}+\cfrac{M}{w^{n_{\mathrm{w}}}}(R_{\mathrm{f}}+w-1)^{n_{\mathrm{w}}}\right] \qquad (2.2\text{-}24)$$

无因次采油指数是可动油储量采出程度的单调下降函数(图2-8)。

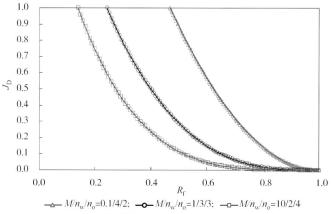

图2-8 无因次采油指数和可动油储量采出程度的关系

（2）无因次采油指数与含水率的关系

将公式(2.2-22)代入公式(2.2-23)可得无因次采油指数与含水率的关系：

$$
\begin{aligned}
J_D = & \frac{1-f_w}{\left[1+0.006738\exp\left(\dfrac{3.5n_w+6.5n_o}{n_w+n_o}\right)\left(\dfrac{1}{M}\dfrac{f_w}{1-f_w}\right)^{\frac{1.3n_w+0.7n_o}{n_w(n_w+n_o)}}\right]^{n_w}} + \\
& M(1-f_w)\left\{1-\frac{1}{\left[1+0.006738\exp\left(\dfrac{3.5n_w+6.5n_o}{n_w+n_o}\right)\left(\dfrac{1}{M}\dfrac{f_w}{1-f_w}\right)^{\frac{1.3n_w+0.7n_o}{n_w(n_w+n_o)}}\right]^{\frac{n_w}{n_o}}}\right\}^{n_w}
\end{aligned}
\qquad (2.2-25)
$$

无因次采油指数也是含水率的单调下降函数，但中间变化较缓，开始见水时和含水率接近1时变化速度较快(图2-9)。

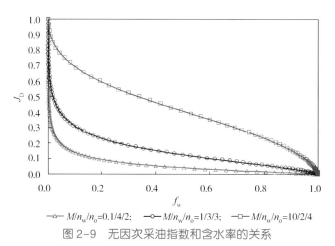

图2-9 无因次采油指数和含水率的关系

2.3 递减率变化规律

Arps递减曲线法是预测开发指标最常用的油藏工程方法之一。本节重点阐述不同生产制度下的递减率变化规律。

递减率定义为：

$$D_t = -\frac{\mathrm{d}q_o}{q_o \mathrm{d}t}$$　　　　　　　　　　　　　　（2.3-1）

2.3.1　递减率变化规律

产油量可以表示为：

$$q_o = (1-f_w)q_t$$　　　　　　　　　　　　　　（2.3-2）

由文献[4]可得：

$$D_t = \frac{q_t}{N_R}f'_w - \frac{\mathrm{d}q_t}{q_t \mathrm{d}t}$$　　　　　　　　　　　　　　（2.3-3）

递减率由两部分构成，一部分与含水上升率相关，另一部分与产液量变化率相关。若产液量下降，则递减加快；若产液量增加，则递减减缓，当产液量增加幅度可以弥补递减幅度时，甚至会出现稳产或增产。

2.3.2　定液生产条件下的递减率变化规律

在定液生产条件下，公式（2.3-3）可以简化为：

$$D_t = \frac{q_t}{N_R}f'_w$$　　　　　　　　　　　　　　（2.3-4）

由此可见，定液生产条件下，递减率与含水上升率呈正比关系。因此递减率与可动油储量采出程度及含水率的变化规律类似于含水上升率与可动油储量采出程度及含水率的变化规律（图2-2和图2-3）。

2.3.3　定压生产条件下的递减率变化规律

产液量为产油量和产水量之和，即：

$$q_t = q_w + q_o$$　　　　　　　　　　　　　　（2.3-5）

将公式（1.3-7）和公式（1.3-8）代入公式（2.3-5）可得：

$$q_t = -KA\frac{\mathrm{d}p}{\mathrm{d}x}\left(\frac{K_{ro}}{\mu_o} + \frac{K_{rw}}{\mu_w}\right)$$　　　　　　　　　　　　　　（2.3-6）

再将公式（1.2-3）和公式（1.2-4）代入公式（2.3-6）可得：

$$q_t = -KA\frac{\mathrm{d}p}{\mathrm{d}x}\frac{K_{ro}(S_{wi})}{\mu_o}\left[(1-S_{wd})^{n_o} + MS_{wd}^{n_w}\right]$$　　　　　　　　　　　　　　（2.3-7）

再将公式（2.3-7）代入公式（2.3-3）并整理后可得：

$$D_t = \frac{q_t}{N_R}f'_w - \left\{\frac{q_o}{wN_R}\frac{Mn_wS_{wd}^{n_w-1} - n_o(1-S_{wd})^{n_o-1}}{\left[(1-S_{wd})^{n_o} + MS_{wd}^{n_w}\right]} + \frac{\mathrm{d}\left(\frac{\mathrm{d}p}{\mathrm{d}x}\right)}{\frac{\mathrm{d}p}{\mathrm{d}x}\mathrm{d}t}\right\}$$　　　　　　　　　　　　　　（2.3-8）

含水上升率可以表示如下：

$$f'_w = \frac{\mathrm{d}f_w}{\mathrm{d}S_{wd}} \frac{\mathrm{d}S_{wd}}{\mathrm{d}R_f}$$

(2.3-9)

将公式(1.3-25)和公式(2.1-6)代入公式(2.3-9)可得：

$$f'_w = \frac{1}{w} \frac{MS_{wd}^{n_w-1}(1-S_{wd})^{n_o-1}\left[n_w(1-S_{wd})+n_o S_{wd}\right]}{\left[MS_{wd}^{n_w}+(1-S_{wd})^{n_o}\right]^2}$$

(2.3-10)

将公式(2.3-10)代入公式(2.3-8)并简化整理后可得：

$$D_t = \frac{n_o q_o}{N_R(1-R_f)} - \frac{\mathrm{d}\left(\frac{\mathrm{d}p}{\mathrm{d}x}\right)}{\frac{\mathrm{d}p}{\mathrm{d}x}\mathrm{d}t}$$

(2.3-11)

因此在定压生产条件下的递减率可以简化为：

$$D_t = \frac{n_o q_o}{N_R(1-R_f)}$$

(2.3-12)

将公式(2.1-5)代入公式(2.3-12)后可得：

$$D_t = \frac{n_o q_o}{N_R - N_p}$$

(2.3-13)

由此可见，定压生产条件下的递减率与近似储采比的倒数成正比，系数为油相指数。

将公式(1.2-4)和公式(1.3-7)代入公式(2.3-13)可得递减率和可动油储量采出程度的关系：

$$D_t = D_0(1-R_f)^{n_o-1}$$

(2.3-14)

其中：

$$D_0 = -\frac{An_o KK_{ro}(S_{wi})}{\mu_o N_R w^{n_o}} \frac{\mathrm{d}p}{\mathrm{d}x}$$

(2.3-15)

当 $D_0 = 0.25$ 时，递减率随可动油储量采出程度的变化如图2-10所示。可以看出，当油相指数等于2时，递减率呈直线下降。从公式(2.3-14)可知，油相指数等于1时，递减率为常数，即符合指数递减规律。

将公式(2.1-10)代入公式(2.3-14)可得递减率和含水率的关系：

$$D_t = D_0 \frac{w^{n_o-1}}{\left[1+0.006738\exp\left(\frac{3.5n_w+6.5n_o}{n_w+n_o}\right)\left(\frac{1}{M}\frac{f_w}{1-f_w}\right)^{\frac{1.3n_w+0.7n_o}{n_w(n_w+n_o)}}\right]^{\frac{n_w(n_o-1)}{n_o}}}$$

(2.3-16)

当 $D_0 = 0.25$ 时，递减率随含水率的变化如图2-11所示。开始见水时和含水率接近1时，递减率下降速度快。

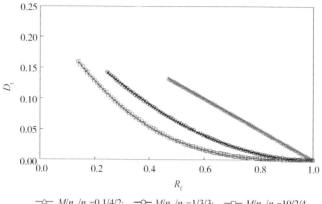

图 2-10　递减率和可动油储量采出程度的关系($D_0 = 0.25$)

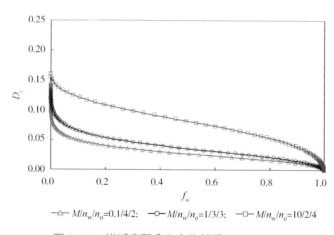

图 2-11　递减率和含水率的关系($D_0 = 0.25$)

2.4　小结

本章主要基于相对渗透率曲线的幂函数表达式揭示了水驱油的宏观规律和微观渗流规律的内在关系，也揭示了水驱油田水驱规律和递减规律的内在联系。

含水率、可动油储量采出程度及水相指数、油相指数之间的关系：

$$f_w = \frac{Mw^{n_o-n_w}(R_f+w-1)^{n_w}}{(1-R_f)^{n_o}+Mw^{n_o-n_w}(R_f+w-1)^{n_w}} \qquad (2.1-8)$$

$$R_f = 1 - \frac{w}{\left[1+0.006738\exp\left(\dfrac{3.5n_w+6.5n_o}{n_w+n_o}\right)\left(\dfrac{1}{M}\dfrac{f_w}{1-f_w}\right)^{\frac{1.3n_w+0.7n_o}{n_w(n_w+n_o)}}\right]^{\frac{n_w}{n_o}}} \qquad (2.1-10)$$

见水前无因次采油指数和相对渗透率曲线参数的关系：

$$J_{D} = \frac{1}{\alpha \dfrac{L_{f}}{L} + \left(1 - \dfrac{L_{f}}{L}\right)} \qquad (2.2\text{-}14)$$

其中：

$$\alpha = \frac{1}{(1 - \overline{S}_{wd})^{n_o} + M \overline{S}_{wd}^{n_w}} \qquad (2.2\text{-}18)$$

见水后无因次采油采液指数和相对渗透率曲线参数的关系：

$$J_{D} = (1 - f_{w}) J_{DL} \qquad (2.2\text{-}23)$$

$$J_{DL} = \frac{1}{\left[1 + 0.006738 \exp\left(\dfrac{3.5 n_{w} + 6.5 n_{o}}{n_{w} + n_{o}}\right)\left(\dfrac{1}{M}\dfrac{f_{w}}{1 - f_{w}}\right)^{\frac{1.3 n_{w} + 0.7 n_{o}}{n_{w}(n_{w} + n_{o})}}\right]^{n_{w}}} +$$

$$M \left\{ 1 - \frac{1}{\left[1 + 0.006738 \exp\left(\dfrac{3.5 n_{w} + 6.5 n_{o}}{n_{w} + n_{o}}\right)\left(\dfrac{1}{M}\dfrac{f_{w}}{1 - f_{w}}\right)^{\frac{1.3 n_{w} + 0.7 n_{o}}{n_{w}(n_{w} + n_{o})}}\right]^{\frac{n_{w}}{n_{o}}}} \right\}^{n_{w}} \qquad (2.2\text{-}22)$$

水驱油田水驱规律和递减规律的关系：

$$D_{t} = \frac{q_{t}}{N_{R}} f'_{w} - \frac{dq_{t}}{q_{t} dt} \qquad (2.3\text{-}3)$$

在定液生产条件下：

$$D_{t} = \frac{q_{t}}{N_{R}} f'_{w} \qquad (2.3\text{-}4)$$

即在定液生产条件下递减率和含水上升率是线性关系，其系数是产液量和可动油储量的比值。

在定压生产条件下：

$$D_{t} = \frac{n_{o} q_{o}}{N_{R}(1 - R_{f})} \qquad (2.3\text{-}12)$$

即在定压生产条件下递减率和近似储采比倒数呈线性关系，其系数是油相指数。

参 考 文 献

[1] 蒋庆坦，陈万珍. 利用相对渗透率资料预测油藏动态的研究[J]. 石油勘探与开发，1985，12(1)：38-45.

[2] 张金庆. 水驱油田产量预测模型[M]. 北京：石油工业出版社，2013.

[3] 秦同洛，李璗，陈元千. 实用油藏工程方法[M]. 北京：石油工业出版社，1989.

[4] 刘英宪. 水驱砂岩油藏理论递减规律计算新方法[J]. 中国海上油气，2016，28(3)：97-100.

3

水驱曲线研究

本章对最常用的基于油水相对渗透率比值为指数表达式的甲型水驱曲线进行了进一步深入研究，同时又提出了两种新型水驱曲线：一种是基于相对渗透率曲线为幂函数表达式的近似理论水驱曲线，另一种是基于 Welge 方程的理论水驱曲线。同时还定量研究了水驱曲线参数和相对渗透率曲线参数的关系。

对甲型水驱曲线深入研究后发现，童氏图版中的系数 C_T 取决于相对渗透率曲线和 Welge 系数，其表达式可以表示为 $2(n_w+n_o)/(wE_d\ln10)$，7.5 仅为部分中高渗油田的统计平均值。由于低渗油田的驱油效率普遍偏低，且低渗油田通常也是低黏油田，导致 Welge 系数值较小，因而 C_T 值远大于 7.5，这就是童氏预测模型不适用于低渗油田的根本原因。

对近似理论水驱曲线研究后发现，见水后的采储比与瞬时水油比和累积油水比之积呈线性关系，其斜率为 q，截距为 $-p$。

对理论水驱曲线研究后也有几个重要发现：一是理论水驱曲线表达式和 Arps 递减曲线表达式在形式上完全一致，在定液生产条件下，两者是相同的。对于水驱油田来讲，理论水驱曲线适用范围更广、预测精度更高，可以替代 Arps 递减曲线。二是工作制度影响 Arps 递减曲线的递减指数，在定压生产条件下，递减指数仅与油相指数有关，其值为 $(n_o-1)/n_o$，在定液生产条件下递减指数等于 Welge 系数。三是 Welge 系数整体上看是一个常数，仅当含水率趋于 1 时，Welge 系数才趋于 $(n_o-1)/n_o$。

3.1 累积产水量和累积产油量的函数关系

本小节将通过一些特例，得到累积产水量和累积产油量的定量关系，据此分析水驱曲线参数和相对渗透率曲线参数的相关关系。

根据水油比公式：

$$\frac{f_w}{1-f_w}=\frac{MS_{wd}^{n_w}}{(1-S_{wd})^{n_o}} \tag{1.3-20}$$

和标准化含水饱和度公式：

$$S_{wd}=1-\frac{1}{w}+\frac{N_p}{wN_R} \tag{2.1-4}$$

可得：

$$\frac{dW_p}{wN_RdS_{wd}}=\frac{MS_{wd}^{n_w}}{(1-S_{wd})^{n_o}} \tag{3.1-1}$$

式中 W_p——累积产水量。

即：

$$dW_p=\frac{wN_RMS_{wd}^{n_w}}{(1-S_{wd})^{n_o}}dS_{wd} \tag{3.1-2}$$

对公式（3.1-2）进行积分后可得：

$$W_p = wN_R M \int_{S_{wdf}}^{S_{wd}} \frac{S_{wd}^{n_w}}{(1 - S_{wd})^{n_o}} dS_{wd} \qquad (3.1-3)$$

由于油田受非均质性、重力和毛管力等因素的影响，渗流大都存在指进现象，一般不存在稳定等饱和度面，因此见水时，含水基本是逐渐上升，含水上升率也是先升后降，并非一见水含水上升率就达高峰。因此，可以做出合理假设，见水时的标准化含水饱和度可以从零开始。即：

$$W_p = wMN_R \int_0^{S_{wd}} \frac{S_{wd}^{n_w}}{(1 - S_{wd})^{n_o}} dS_{wd} \qquad (3.1-4)$$

根据公式(3.1-4)，水相指数和油相指数在特定条件(整数)下可得累积产水量和标准化含水饱和度的关系：

（1）$n_w = 2$，$n_o = 2$

$$W_p = wMN_R \left[S_{wd} + 2\ln(1-S_{wd}) + \frac{S_{wd}}{1-S_{wd}} \right] \qquad (3.1-5)$$

（2）$n_w = 2$，$n_o = 3$

$$W_p = wMN_R \left[-\ln(1-S_{wd}) - \frac{2S_{wd}}{1-S_{wd}} + \frac{1}{2}\left(\frac{1}{(1-S_{wd})^2} - 1 \right) \right] \qquad (3.1-6)$$

（3）$n_w = 2$，$n_o = 4$

$$W_p = wMN_R \frac{1}{3}\left(\frac{S_{wd}}{1-S_{wd}} \right)^3 \qquad (3.1-7)$$

（4）$n_w = 3$，$n_o = 2$

$$W_p = wMN_R \left[\frac{S_{wd}^2}{2} + 2S_{wd} + 3\ln(1-S_{wd}) + \frac{S_{wd}}{1-S_{wd}} \right] \qquad (3.1-8)$$

（5）$n_w = 3$，$n_o = 3$

$$W_p = wMN_R \left[-S_{wd} - 3\ln(1-S_{wd}) - \frac{3S_{wd}}{1-S_{wd}} + \frac{1}{2}\left(\frac{1}{(1-S_{wd})^2} - 1 \right) \right] \qquad (3.1-9)$$

（6）$n_w = 3$，$n_o = 4$

$$W_p = wMN_R \left[\ln(1-S_{wd}) + \frac{3S_{wd}}{1-S_{wd}} - \frac{3}{2}\left(\frac{1}{(1-S_{wd})^2} - 1 \right) + \frac{1}{3}\left(\frac{1}{(1-S_{wd})^3} - 1 \right) \right] \qquad (3.1-10)$$

（7）$n_w = 4$，$n_o = 2$

$$W_p = wMN_R \left[\frac{S_{wd}^3}{3} + S_{wd}^2 + 3S_{wd} + 4\ln(1-S_{wd}) + \frac{S_{wd}}{1-S_{wd}} \right] \qquad (3.1-11)$$

（8）$n_w = 4$，$n_o = 3$

$$W_p = wMN_R \left[-\frac{S_{wd}^2}{2} - 3S_{wd} - 6\ln(1-S_{wd}) - \frac{4S_{wd}}{1-S_{wd}} + \frac{1}{2}\left(\frac{1}{(1-S_{wd})^2} - 1 \right) \right] \qquad (3.1-12)$$

（9）$n_w = 4$，$n_o = 4$

$$W_{\mathrm{p}} = wMN_{\mathrm{R}}\left[S_{\mathrm{wd}} + 4\ln(1 - S_{\mathrm{wd}}) + \frac{6S_{\mathrm{wd}}}{1 - S_{\mathrm{wd}}} - 2\left(\frac{1}{(1 - S_{\mathrm{wd}})^2} - 1\right) + \frac{1}{3}\left(\frac{1}{(1 - S_{\mathrm{wd}})^3} - 1\right)\right] \quad (3.1\text{-}13)$$

在 $w = 1$ 的条件下，R_{f} 即为 S_{wd}，上述公式与文献[1]中的公式（2-4）~公式（2-12）相同。

将公式（2.1-5）和公式（2.1-6）代入公式（3.1-5~3.1-13）可得相应的累积产水量和累积产油量的关系：

（1）$n_{\mathrm{w}} = 2$，$n_{\mathrm{o}} = 2$

$$W_{\mathrm{p}} = wMN_{\mathrm{R}}\left[-\frac{N_{\mathrm{R}} - N_{\mathrm{p}}}{wN_{\mathrm{R}}} + 2\ln\left(\frac{N_{\mathrm{R}} - N_{\mathrm{p}}}{wN_{\mathrm{R}}}\right) + \frac{wN_{\mathrm{R}}}{N_{\mathrm{R}} - N_{\mathrm{p}}}\right] \quad (3.1\text{-}14)$$

（2）$n_{\mathrm{w}} = 2$，$n_{\mathrm{o}} = 3$

$$W_{\mathrm{p}} = wMN_{\mathrm{R}}\left[-\ln\left(\frac{N_{\mathrm{R}} - N_{\mathrm{p}}}{wN_{\mathrm{R}}}\right) - \frac{2wN_{\mathrm{R}}}{N_{\mathrm{R}} - N_{\mathrm{p}}} + \frac{(wN_{\mathrm{R}})^2}{2(N_{\mathrm{R}} - N_{\mathrm{p}})^2} + \frac{3}{2}\right] \quad (3.1\text{-}15)$$

（3）$n_{\mathrm{w}} = 2$，$n_{\mathrm{o}} = 4$

$$W_{\mathrm{p}} - wMN_{\mathrm{R}}\frac{1}{3}\left(\frac{wN_{\mathrm{R}}}{N_{\mathrm{R}} - N_{\mathrm{p}}} - 1\right)^3 \quad (3.1\text{-}16)$$

（4）$n_{\mathrm{w}} = 3$，$n_{\mathrm{o}} = 2$

$$W_{\mathrm{p}} = wMN_{\mathrm{R}}\left[\frac{1}{2}\left(1 - \frac{N_{\mathrm{R}} - N_{\mathrm{p}}}{wN_{\mathrm{R}}}\right)^2 - \frac{2(N_{\mathrm{R}} - N_{\mathrm{p}})}{wN_{\mathrm{R}}} + 3\ln\left(\frac{N_{\mathrm{R}} - N_{\mathrm{p}}}{wN_{\mathrm{R}}}\right) + \frac{wN_{\mathrm{R}}}{N_{\mathrm{R}} - N_{\mathrm{p}}} + 1\right] \quad (3.1\text{-}17)$$

（5）$n_{\mathrm{w}} = 3$，$n_{\mathrm{o}} = 3$

$$W_{\mathrm{p}} = wMN_{\mathrm{R}}\left[\frac{N_{\mathrm{R}} - N_{\mathrm{p}}}{wN_{\mathrm{R}}} - 3\ln\left(\frac{N_{\mathrm{R}} - N_{\mathrm{p}}}{wN_{\mathrm{R}}}\right) - \frac{3wN_{\mathrm{R}}}{N_{\mathrm{R}} - N_{\mathrm{p}}} + \frac{(wN_{\mathrm{R}})^2}{2(N_{\mathrm{R}} - N_{\mathrm{p}})^2} + \frac{3}{2}\right] \quad (3.1\text{-}18)$$

（6）$n_{\mathrm{w}} = 3$，$n_{\mathrm{o}} = 4$

$$W_{\mathrm{p}} = wMN_{\mathrm{R}}\left[\ln\left(\frac{N_{\mathrm{R}} - N_{\mathrm{p}}}{wN_{\mathrm{R}}}\right) + \frac{3wN_{\mathrm{R}}}{N_{\mathrm{R}} - N_{\mathrm{p}}} - \frac{3(wN_{\mathrm{R}})^2}{2(N_{\mathrm{R}} - N_{\mathrm{p}})^2} + \frac{(wN_{\mathrm{R}})^3}{3(N_{\mathrm{R}} - N_{\mathrm{p}})^3} - \frac{11}{6}\right] \quad (3.1\text{-}19)$$

（7）$n_{\mathrm{w}} = 4$，$n_{\mathrm{o}} = 2$

$$W_{\mathrm{p}} = wMN_{\mathrm{R}}\left[\frac{1}{3}\left(1 - \frac{N_{\mathrm{R}} - N_{\mathrm{p}}}{wN_{\mathrm{R}}}\right)^3 + \left(1 - \frac{N_{\mathrm{R}} - N_{\mathrm{p}}}{wN_{\mathrm{R}}}\right)^2 - \frac{3(N_{\mathrm{R}} - N_{\mathrm{p}})}{wN_{\mathrm{R}}} + 4\ln\left(\frac{N_{\mathrm{R}} - N_{\mathrm{p}}}{wN_{\mathrm{R}}}\right) + \frac{wN_{\mathrm{R}}}{N_{\mathrm{R}} - N_{\mathrm{p}}} + 2\right]$$

$$(3.1\text{-}20)$$

（8）$n_{\mathrm{w}} = 4$，$n_{\mathrm{o}} = 3$

$$W_{\mathrm{p}} = wMN_{\mathrm{R}}\left[-\frac{1}{2}\left(1 - \frac{N_{\mathrm{R}} - N_{\mathrm{p}}}{wN_{\mathrm{R}}}\right)^2 + \left(\frac{3(N_{\mathrm{R}} - N_{\mathrm{p}})}{wN_{\mathrm{R}}}\right) - 6\ln\left(\frac{N_{\mathrm{R}} - N_{\mathrm{p}}}{wN_{\mathrm{R}}}\right) - \frac{4wN_{\mathrm{R}}}{N_{\mathrm{R}} - N_{\mathrm{p}}} + \frac{(wN_{\mathrm{R}})^2}{2(N_{\mathrm{R}} - N_{\mathrm{p}})^2} + \frac{1}{2}\right]$$

$$(3.1\text{-}21)$$

（9）$n_{\mathrm{w}} = 4$，$n_{\mathrm{o}} = 4$

$$W_{\mathrm{p}} = wMN_{\mathrm{R}}\left[-\frac{N_{\mathrm{R}} - N_{\mathrm{p}}}{wN_{\mathrm{R}}} + 4\ln\left(\frac{N_{\mathrm{R}} - N_{\mathrm{p}}}{wN_{\mathrm{R}}}\right) + \frac{6wN_{\mathrm{R}}}{N_{\mathrm{R}} - N_{\mathrm{p}}} - \frac{2(wN_{\mathrm{R}})^2}{(N_{\mathrm{R}} - N_{\mathrm{p}})^2} + \frac{(wN_{\mathrm{R}})^3}{3(N_{\mathrm{R}} - N_{\mathrm{p}})^3} - \frac{10}{3}\right] \quad (3.1\text{-}22)$$

根据上述公式可以得到 $N_R = 100$、$M = 1$ 下的累积产水量随累积产油量的变化表(表 3-1)。

表 3-1 累积产水量和累积产油量的关系($N_R = 100$，$M = 1$)　　（单位：10^4m^3）

S_{wd}	$n_w=2, n_o=2$		$n_w=2, n_o=3$		$n_w=2, n_o=4$		$n_w=3, n_o=2$		$n_w=3, n_o=3$		$n_w=3, n_o=4$		$n_w=4, n_o=2$		$n_w=4, n_o=3$		$n_w=4, n_o=4$	
	N_p	W_p	N_p	W_p	N_p	W_p	N_p	W_p	N_p	W_p	N_p	W_p	N_p	W_p	N_p	W_p	N_p	W_p
0.40	64.85	2.64	56.33	4.83	52.23	7.86	63.13	0.87	55.00	1.60	51.20	2.63	62.07	0.30	54.19	0.55	50.56	0.91
0.41	65.44	2.91	57.05	5.40	53.03	8.91	63.74	0.99	55.75	1.84	52.01	3.07	62.70	0.35	54.95	0.65	51.38	1.08
0.42	66.02	3.20	57.78	6.03	53.83	10.08	64.36	1.12	56.50	2.11	52.82	3.56	63.34	0.40	55.72	0.76	52.21	1.29
0.43	66.61	3.52	58.51	6.72	54.62	11.39	64.97	1.26	57.25	2.41	53.64	4.13	63.97	0.46	56.48	0.89	53.03	1.54
0.44	67.20	3.87	59.24	7.48	55.42	12.87	65.59	1.42	58.00	2.75	54.45	4.79	64.60	0.53	57.24	1.04	53.86	1.83
0.45	67.78	4.25	59.97	8.32	56.21	14.53	66.20	1.59	58.75	3.14	55.26	5.55	65.23	0.61	58.01	1.22	54.68	2.17
0.46	68.37	4.66	60.69	9.26	57.01	16.40	66.81	1.79	59.50	3.58	56.08	6.42	65.86	0.70	58.77	1.42	55.50	2.57
0.47	68.95	5.10	61.42	10.28	57.81	18.51	67.43	2.00	60.25	4.07	56.89	7.42	66.50	0.81	59.53	1.65	56.33	3.04
0.48	69.54	5.58	62.15	11.42	58.60	20.87	68.04	2.24	61.00	4.62	57.70	8.56	67.13	0.93	60.30	1.92	57.15	3.60
0.49	70.12	6.10	62.88	12.67	59.40	23.54	68.66	2.51	61.75	5.25	58.52	9.88	67.76	1.06	61.06	2.23	57.98	4.24
0.50	70.71	6.66	63.60	14.06	60.20	26.54	69.27	2.80	62.50	5.96	59.33	11.40	68.39	1.21	61.82	2.59	58.80	5.01
0.51	71.30	7.27	64.33	15.59	60.99	29.92	69.89	3.12	63.25	6.75	60.14	13.15	69.03	1.37	62.59	3.00	59.62	5.90
0.52	71.88	7.93	65.06	17.28	61.79	33.74	70.50	3.48	64.00	7.65	60.96	15.16	69.66	1.56	63.35	3.47	60.45	6.95
0.53	72.47	8.65	65.79	19.16	62.58	38.05	71.12	3.87	64.75	8.67	61.77	17.47	70.29	1.78	64.11	4.01	61.27	8.18
0.54	73.05	9.42	66.52	21.23	63.38	42.93	71.73	4.31	65.50	9.81	62.58	20.14	70.92	2.02	64.88	4.63	62.10	9.62
0.55	73.64	10.26	67.24	23.53	64.18	48.45	72.35	4.79	66.25	11.16	63.40	23.21	71.55	2.29	65.64	5.35	62.92	11.32
0.56	74.23	11.17	67.97	26.07	64.97	54.71	72.96	5.32	67.00	12.56	64.21	26.76	72.19	2.58	66.40	6.17	63.74	13.32
0.57	74.81	12.16	68.70	28.90	65.77	61.81	73.57	5.91	67.75	14.20	65.02	30.86	72.82	2.93	67.17	7.12	64.57	15.67
0.58	75.40	13.24	69.43	32.03	66.56	69.88	74.19	6.55	68.50	16.06	65.84	35.61	73.45	3.31	67.93	8.20	65.39	18.43
0.59	75.98	14.40	70.16	35.52	67.36	79.08	74.80	7.27	69.25	18.16	66.65	41.10	74.08	3.74	68.70	9.46	66.22	21.69
0.60	76.57	15.67	70.88	39.40	68.16	89.56	75.42	8.06	70.00	20.54	67.46	47.48	74.71	4.22	69.46	10.90	67.04	25.53

3.2　基于油水相对渗透率比值为指数函数的甲型水驱曲线

甲型水驱曲线是最常用的水驱曲线之一，也是行业标准推荐的方法之一，已得到广泛应用。甲型水驱曲线通常由油水相对渗透率比值的指数关系式和艾富罗斯实验关系式推导得到。本节结合油水相对渗透率比值的指数关系式和 Welge 线性方程推导得到甲型水驱曲线，由此可得甲型水驱曲线参数和相对渗透率曲线参数的定量关系。

3.2.1　甲型水驱曲线的理论推导

油水相对渗透率比值可以表示如下[2]：

$$\frac{K_{ro}}{K_{rw}} = a_1 e^{-bS_{wd}} \tag{3.2-1}$$

将公式(1.2-3)和公式(1.2-4)代入公式(3.2-1)后可得：

$$\frac{S_{wd}^{n_w}}{(1-S_{wd})^{n_o}} = a e^{bS_{wd}} \tag{3.2-2}$$

其中：

$$a = \frac{K_{ro}(S_{wi})}{a_1 K_{rw}(S_{or})} \tag{3.2-3}$$

由公式(1.3-20)可得：

$$\frac{S_{wd}^{n_w}}{(1-S_{wd})^{n_o}} = \frac{f_w}{M(1-f_w)} \tag{3.2-4}$$

将公式(3.2-4)和公式(2.1-6)代入公式(3.2-2)可得：

$$\frac{f_w}{1-f_w} = Mae^{\frac{b}{w}(R_f+w-1)} \tag{3.2-5}$$

公式(3.2-5)可以改写为：

$$\frac{dW_p}{dN_p} = Mae^{\frac{b}{w}(R_f+w-1)} \tag{3.2-6}$$

或：

$$dW_p = N_R Mae^{\frac{b}{w}(R_f+w-1)} dR_f \tag{3.2-7}$$

积分后可得：

$$W_p - W_{p0} = N_R \int_{R_{f0}}^{R_f} Mae^{\frac{b}{w}(R_f+w-1)} dR_f \tag{3.2-8}$$

式中　W_{p0}——甲型水驱曲线线性段初始点的累积产水量；

　　　R_{f0}——甲型水驱曲线线性段初始点的可动油储量采出程度。

即：

$$W_p - W_{p0} = \frac{wMaN_R}{b}\left[e^{\frac{b}{w}(R_f+w-1)} - e^{\frac{b}{w}(R_{f0}+w-1)}\right] \tag{3.2-9}$$

整理可得：

$$W_p + \frac{wMaN_R}{b}e^{\frac{b}{w}(R_{f0}+w-1)} - W_{p0} = \frac{wMaN_R}{b}e^{\frac{b}{w}(R_f+w-1)} \tag{3.2-10}$$

令：

$$C = \frac{wMaN_R}{b}e^{\frac{b}{w}(R_{f0}+w-1)} - W_{p0} \tag{3.2-11}$$

$$B = \frac{b}{wN_R} \tag{3.2-12}$$

$$A = \ln\left(\frac{wMaN_R}{b}\right) + \frac{b}{w}(w-1) \tag{3.2-13}$$

那么对公式(3.2-10)取对数后可得：

$$\ln(W_p+C)=A+BN_p \qquad (3.2-14)$$

这就是常用的扩展甲型水驱曲线表达式。

当 C 为零时，公式(3.2-14)可以简化为常见甲型水驱曲线：

$$\ln W_p=A_1+B_1N_p \qquad (3.2-15)$$

公式(3.2-15)对累积产油量求导后可得甲型水驱曲线另一种表达式，即水油比表达式：

$$\ln\frac{f_w}{1-f_w}=A_1+\ln B_1+B_1N_p \qquad (3.2-16)$$

可以改写为：

$$\ln\frac{f_w}{1-f_w}=A_2+B_2N_p \qquad (3.2-17)$$

3.2.2 甲型水驱曲线的各类关系

（1）水油比和累积产油量的关系

根据公式(3.2-15)可得水油比和累积产油量的关系：

$$\frac{f_w}{1-f_w}=B_1\mathrm{e}^{A_1+B_1N_p} \qquad (3.2-18)$$

（2）含水率和累积产油量的关系

根据公式(3.2-18)可得含水率和累积产油量的关系：

$$f_w=\frac{B_1\mathrm{e}^{A_1+B_1N_p}}{1+B_1\mathrm{e}^{A_1+B_1N_p}} \qquad (3.2-19)$$

（3）含水上升率和累积产油量的关系

根据公式(3.2-19)可得含水上升率和累积产油量的关系：

$$f_w'=\frac{N_RB_1^2\mathrm{e}^{A_1+B_1N_p}}{(1+B_1\mathrm{e}^{A_1+B_1N_p})^2} \qquad (3.2-20)$$

（4）含水上升率和含水率的关系

结合公式(3.2-18)和公式(3.2-20)可得含水上升率和含水率的关系：

$$f_w'=N_RB_1f_w(1-f_w) \qquad (3.2-21)$$

（5）累积产水量和累积产油量的关系

根据公式(3.2-15)可得累积产水量和累积产油量的关系：

$$W_p=\mathrm{e}^{A_1+B_1N_p} \qquad (3.2-22)$$

（6）累积产油量和累积产水量的关系

根据公式(3.2-15)可得累积产油量和累积产水量的关系：

$$N_p=\frac{\ln W_p-A_1}{B_1} \qquad (3.2-23)$$

（7）累积产液量和累积产油量的关系

根据公式（3.2-22）可得累积产液量和累积产油量的关系：

$$L_{\mathrm{p}} = e^{A_1 + B_1 N_{\mathrm{p}}} + N_{\mathrm{p}} \qquad (3.2\text{-}24)$$

（8）累积产油量和累积产液量的关系

通过公式（3.2-15）可得累积产油量和累积产液量的近似关系：

$$N_{\mathrm{p}} = \frac{25}{38} L_{\mathrm{p}} \left[\sqrt{(1 + B_1 L_{\mathrm{p}})^2 + \frac{76}{25}(\ln L_{\mathrm{p}} - A_1)} - 1 - B_1 L_{\mathrm{p}} \right] \qquad (3.2\text{-}25)$$

推导见本书附录3。

3.2.3　甲型水驱曲线参数和相对渗透率曲线参数的关系

根据表3-1的数据，通过公式（3.2-2）、公式（3.2-15）和公式（3.2-17）线性回归可以得到不同水油流度比、水相指数、油相指数和 Welge 系数下的 a、b、A_1、B_1、A_2、B_2 值，见表3-2。

表3-2　相对渗透率曲线参数和甲型水驱曲线参数的关系

M	n_{w}	n_{o}	w	a	b	A_1	B_1	A_2	B_2
1	2	2	0.5858	0.0177	8.072	−8.823	0.1514	−9.743	0.1378
1	2	3	0.7279	0.0130	10.089	−6.491	0.1435	−8.116	0.1386
1	2	4	0.7961	0.0095	12.107	−5.876	0.1521	−7.754	0.1521
1	3	2	0.6145	0.0032	10.089	−11.467	0.1801	−12.074	0.1642
1	3	3	0.7500	0.0023	12.107	−8.810	0.1693	−10.089	0.1614
1	3	4	0.8134	0.0017	14.125	−8.072	0.1769	−9.603	0.1737
1	4	2	0.6321	0.0006	12.107	−14.139	0.2091	−14.501	0.1915
1	4	3	0.7635	0.0004	14.125	−11.122	0.1949	−12.138	0.1850
1	4	4	0.8240	0.0003	16.143	−10.254	0.2015	−11.520	0.1959
10	2	2	0.7683	0.0177	8.072	−2.652	0.1154	−4.167	0.1051
10	2	3	0.8190	0.0130	10.089	−2.473	0.1275	−4.271	0.1232
10	2	4	0.8519	0.0095	12.107	−2.509	0.1421	−4.455	0.1421
10	3	2	0.7637	0.0032	10.089	−5.429	0.1449	−6.564	0.1321
10	3	3	0.8233	0.0023	12.107	−4.907	0.1542	−6.350	0.1471
10	3	4	0.8584	0.0017	14.125	−4.788	0.1677	−6.390	0.1646
10	4	2	0.7660	0.0006	12.107	−7.992	0.1726	−8.852	0.1581
10	4	3	0.8282	0.0004	14.125	−7.215	0.1797	−8.390	0.1705
10	4	4	0.8635	0.0003	16.143	−6.982	0.1923	−8.320	0.1869

根据表3-2，通过统计分析可得如下关系：

$$b = 2.0179(n_{\mathrm{w}} + n_{\mathrm{o}}) \qquad (3.2\text{-}26)$$

$$a = e^{-2.0179(0.85 n_{\mathrm{w}} + 0.15 n_{\mathrm{o}})} \qquad (3.2\text{-}27)$$

$$B_2 = \frac{2.0179(n_w + n_o)}{wN_R} \tag{3.2-28}$$

$$A_2 = \ln M - 2.0179(0.85n_w + 0.15n_o) + 2.0179(n_w + n_o)\left(1 - \frac{1}{w}\right) \tag{3.2-29}$$

为了简便，以上公式可以简化为：

$$b = 2(n_w + n_o) \tag{3.2-30}$$

$$a = e^{-2(0.85n_w + 0.15n_o)} \tag{3.2-31}$$

$$B_2 = \frac{2(n_w + n_o)}{wN_R} \tag{3.2-32}$$

$$A_2 = \ln M - 2(0.85n_w + 0.15n_o) + 2(n_w + n_o)\left(1 - \frac{1}{w}\right) \tag{3.2-33}$$

对水油比公式(1.3-20)两边取对数后可得：

$$\ln \frac{f_w}{1 - f_w} = \ln M + n_w \ln S_{wd} - n_o \ln(1 - S_{wd}) \tag{3.2-34}$$

两边对累积产油量求导可得：

$$\frac{d\ln \frac{f_w}{1 - f_w}}{dN_p} = \frac{n_w}{S_{wd}} \frac{1}{wN_R} + \frac{n_o}{1 - S_{wd}} \frac{1}{wN_R} \tag{3.2-35}$$

将公式(3.2-17)代入公式(3.2-35)后可得：

$$B_2 = \frac{n_w}{S_{wd}} \frac{1}{wN_R} + \frac{n_o}{1 - S_{wd}} \frac{1}{wN_R} \tag{3.2-36}$$

当标准化含水饱和度为1/2时，公式(3.2-36)就是公式(3.2-32)。

根据公式(3.2-17)可得：

$$A_2 = \ln \frac{f_w}{1 - f_w} - B_2 N_p \tag{3.2-37}$$

将公式(3.2-32)和公式(3.2-34)代入公式(3.2-37)可得：

$$A_2 = \ln M + n_w \ln S_{wd} - n_o \ln(1 - S_{wd}) - \frac{2(n_w + n_o)N_p}{wN_R} \tag{3.2-38}$$

由公式(2.1-4)可得：

$$\frac{N_p}{wN_R} = S_{wd} - \left(1 - \frac{1}{w}\right) \tag{3.2-39}$$

将公式(3.2-39)代入公式(3.2-38)，当标准化含水饱和度为1/2时，公式(3.2-38)变为：

$$A_2 = \ln M - n_w(1 + \ln 2) - n_o(1 - \ln 2) + 2(n_w + n_o)\left(1 - \frac{1}{w}\right) \tag{3.2-40}$$

这与公式(3.2-33)接近。

因此甲型水驱曲线(水油比对数曲线)的斜率等于公式(3.2-34)在标准化含水饱和度为1/2处的切线斜率，甲型水驱曲线的截距即为该切线的截距。

3.3 基于油水相对渗透率曲线幂函数表达式的近似理论水驱曲线

甲型水驱曲线由油水相对渗透率比值为指数关系式推导得到，仅适用中间段，高含水后期存在"上翘"现象，随含水率趋于1，与实际生产动态差异越来越大，预测精度变得越来越低。本节则根据相对渗透率曲线的幂函数表达式推导得到近似理论水驱曲线，从而大大提高了预测精度。

3.3.1 近似理论水驱曲线的推导

在通常情况下，累积产油量公式(3.1-4)无法得到被积函数的原函数，但是加上一项高阶小项后，容易得到原函数：

$$W_p \approx \frac{MwN_R}{n_w + 1} \int_0^{S_{wd}} \left[\frac{(n_w + 1)S_{wd}^{n_w} + (n_o - n_w - 2)S_{wd}^{n_w+1}}{(1 - S_{wd})^{n_o}} \right] dS_{wd} \qquad (3.3-1)$$

积分可得：

$$W_p \approx \frac{MwN_R}{n_w + 1} \frac{S_{wd}^{n_w+1}}{(1 - S_{wd})^{n_o-1}} \qquad (3.3-2)$$

将公式(2.1-4)代入后可得：

$$W_p \approx \frac{M(wN_R)^{n_o-n_w-1}}{n_w + 1} \frac{\left[N_p - (1-w)N_R \right]^{n_w+1}}{(N_R - N_p)^{n_o-1}} \qquad (3.3-3)$$

令：

$$p = \frac{n_w + 1}{n_o - 1} \qquad (3.3-4)$$

$$q = \frac{1}{n_o - 1} \qquad (3.3-5)$$

那么公式(3.3-3)可以改写为：

$$W_p = \frac{M(wN_R)^{\frac{1}{q} - \frac{p}{q} + 1}}{\frac{p}{q}} \frac{\left[N_p - (1-w)N_R \right]^{\frac{p}{q}}}{(N_R - N_p)^{\frac{1}{q}}} \qquad (3.3-6)$$

整理后可得：

$$N_p = N_R - A \frac{(N_p - N_{p0})^p}{W_p^q} \qquad (3.3-7)$$

式中 N_{p0}——无水采油量。
其中：

$$A = (wN_R)^{1-p+q} \left(\frac{qM}{p} \right)^q \qquad (3.3-8)$$

$$N_{p0} = (1-w)N_R \qquad (3.3-9)$$

公式(3.3-7)即为近似理论水驱曲线。若 N_{p0} 值较小，可以忽略不计。因此可以简化为：

$$N_p = N_R - A\frac{N_p^p}{W_p^q} \qquad (3.3-10)$$

若 $p=2$，公式(3.3-10)即为文献[1]中的广适水驱曲线：

$$N_p = N_R - A\frac{N_p^2}{W_p^q} \qquad (3.3-11)$$

此时，若 $q=1$，公式(3.3-11)即为文献[3]中的水驱曲线：

$$N_p = N_R - A\frac{N_p^2}{W_p} \qquad (3.3-12)$$

公式(3.3-7)有 5 个待求参数，即使 N_{p0} 值可以直接取无水采油量，仍有 4 个待求参数，参数越多求解难度越大，多解性越强。

公式(3.3-7)可以改写为：

$$W_p^q = \frac{A(N_p - N_{p0})^p}{N_R - N_p} \qquad (3.3-13)$$

或：

$$(N_R - N_p)W_p^q = A(N_p - N_{p0})^p \qquad (3.3-14)$$

两边对累积产油量求导并整理后可得：

$$W_p^q + \frac{Ap(N_p - N_{p0})^p}{N_p - N_{p0}} = q(N_R - N_p)\frac{W_p^q}{W_p}\frac{f_w}{1-f_w} \qquad (3.3-15)$$

将公式(3.3-14)代入公式(3.3-15)并整理后可得：

$$\frac{N_p - N_{p0}}{N_R - N_p} = -p + q\frac{N_p - N_{p0}}{W_p}\frac{f_w}{1-f_w} \qquad (3.3-16)$$

由此可见，见水后的采储比与瞬时水油比和累积油水比之积呈线性关系，其斜率为 q，截距为 $-p$。公式(3.3-16)在已知无水采油量 N_{p0} 的条件下，仅有三个参数。可改写为：

$$\frac{N_p - N_{p0}}{W_p}\frac{f_w}{1-f_w} = \frac{p}{q} + \frac{1}{q}\frac{N_p - N_{p0}}{N_R - N_p} \qquad (3.3-17)$$

若含水率变化比较稳定，可以采用该公式求出各项参数。

在特殊情况下，如在 $p=1$（$n_o = n_w + 2$）下，公式(3.3-16)可以简化为：

$$N_p = N_R - \frac{N_R - N_{p0}}{q}\frac{W_p}{N_p - N_{p0}}\frac{1-f_w}{f_w} \qquad (3.3-18)$$

若含水率变化比较稳定，可以通过该公式直接回归求出可动油储量和 q 值，不过用该公式求出的可动油储量通常偏乐观。

3.3.2 近似理论水驱曲线的各类关系

（1）水油比与累积产油量的关系

由公式(3.3-7)可得：

$$W_p = \frac{A^{\frac{1}{q}}(N_p - N_{p0})^{\frac{p}{q}}}{(N_R - N_p)^{\frac{1}{q}}} \qquad (3.3-19)$$

公式(3.3-19)对累积产油量求导可得：

$$\frac{f_w}{1-f_w} = \frac{A^{\frac{1}{q}}}{q}\left(\frac{N_p - N_{p0}}{N_R - N_p} + p\right)\frac{(N_p - N_{p0})^{\frac{p}{q}-1}}{(N_R - N_p)^{\frac{1}{q}}} \qquad (3.3-20)$$

或：

$$\frac{f_w}{1-f_w} = W_p\left(\frac{p}{q}\frac{1}{N_p - N_{p0}} + \frac{1}{q}\frac{1}{N_R - N_p}\right) \qquad (3.3-21)$$

（2）含水率与累积产油量的关系

由公式(3.3-20)可得：

$$f_w = \frac{\dfrac{A^{\frac{1}{q}}}{q}\left(\dfrac{N_p - N_{p0}}{N_R - N_p} + p\right)\dfrac{(N_p - N_{p0})^{\frac{p}{q}-1}}{(N_R - N_p)^{\frac{1}{q}}}}{1 + \dfrac{A^{\frac{1}{q}}}{q}\left(\dfrac{N_p - N_{p0}}{N_R - N_p} + p\right)\dfrac{(N_p - N_{p0})^{\frac{p}{q}-1}}{(N_R - N_p)^{\frac{1}{q}}}} \qquad (3.3-22)$$

或由公式(3.3-21)可得：

$$f_w = \frac{W_p\left(\dfrac{p}{q}\dfrac{1}{N_p - N_{p0}} + \dfrac{1}{q}\dfrac{1}{N_R - N_p}\right)}{1 + W_p\left(\dfrac{p}{q}\dfrac{1}{N_p - N_{p0}} + \dfrac{1}{q}\dfrac{1}{N_R - N_p}\right)} \qquad (3.3-23)$$

（3）含水上升率与累积产油量的关系

由公式(3.3-22)可得：

$$f_w' = \frac{\dfrac{N_R A^{\frac{1}{q}}}{q^2}\dfrac{(N_p - N_{p0})^{\frac{p}{q}-2}}{(N_R - N_p)^{\frac{1}{q}+2}}\left\{[p(N_R - N_p) + (N_p - N_{p0})]^2 + q[(N_p - N_{p0})^2 - p(N_R - N_p)^2]\right\}}{\left[1 + \dfrac{A^{\frac{1}{q}}}{q}\left(\dfrac{N_p - N_{p0}}{N_R - N_p} + p\right)\dfrac{(N_p - N_{p0})^{\frac{p}{q}-1}}{(N_R - N_p)^{\frac{1}{q}}}\right]^2}$$

$$(3.3-24)$$

（4）含水上升率与含水率的关系

在已知近似理论水驱曲线各参数下，可以计算出相对渗透率曲线参数（公式见下节）和水油流度比[见公式(3.3-8)]，进而计算出含水上升率和含水率的关系。

$$f_w' = \frac{f_w(1-f_w)\left[1 + 0.006738\exp\left(\dfrac{3.5n_w + 6.5n_o}{n_w + n_o}\right)\left(\dfrac{1}{M}\dfrac{f_w}{1-f_w}\right)^{\frac{1.3n_w + 0.7n_o}{n_w(n_w + n_o)} + 1}\right]}{0.006738w\dfrac{1.3n_w + 0.7n_o}{n_o(n_w + n_o)}\exp\left(\dfrac{3.5n_w + 6.5n_o}{n_w + n_o}\right)\left(\dfrac{1}{M}\dfrac{f_w}{1-f_w}\right)^{\frac{1.3n_w + 0.7n_o}{n_w(n_w + n_o)}}} \qquad (2.1-13)$$

（5）累积产水量与累积产油量的关系

$$W_\mathrm{p} = \frac{A^{\frac{1}{q}}(N_\mathrm{p}-N_\mathrm{p0})^{\frac{p}{q}}}{(N_\mathrm{R}-N_\mathrm{p})^{\frac{1}{q}}}$$

（3.3-19）

（6）累积产油量与累积产水量的关系

累积产油量与累积产水量的近似关系（推导见附录3）如下：

$$N_\mathrm{p} = N_\mathrm{R} - \frac{N_\mathrm{R}-N_\mathrm{p0}}{\left[1+a\left(\dfrac{W_\mathrm{p}}{A^{\frac{1}{q}}(N_\mathrm{R}-N_\mathrm{p0})^{\frac{p-1}{q}}}\right)^{b}\right]^{p}}$$

（3.3-25）

其中 a、b 和 p 值可以通过如下公式线性回归得到：

$$\ln\left[\left(\frac{N_\mathrm{R}-N_\mathrm{p0}}{N_\mathrm{R}-N_\mathrm{p}}\right)^{\frac{1}{p}}-1\right] = \ln a + b\ln\left[\frac{W_\mathrm{p}}{A^{\frac{1}{q}}(N_\mathrm{R}-N_\mathrm{p0})^{\frac{p-1}{q}}}\right]$$

（3.3-26）

（7）累积产液量与累积产油量的关系

由公式（3.3-19）可得：

$$L_\mathrm{p} = \frac{A^{\frac{1}{q}}(N_\mathrm{p}-N_\mathrm{p0})^{\frac{p}{q}}}{(N_\mathrm{R}-N_\mathrm{p})^{\frac{1}{q}}} + N_\mathrm{p}$$

（3.3-27）

（8）累积产油量与累积产液量的关系

累积产油量和累积产液量的关系可以通过3.4节的理论水驱曲线得到。

3.3.3 近似理论水驱曲线参数和相对渗透率曲线参数的关系

根据表3-1的数据，通过公式（3.3-17）线性回归可以得到不同水相指数、油相指数下的 p、q 值（表3-3）。p、q 值与水油流度比及 Welge 系数无关。

表3-3　相对渗透率曲线参数和近似理论水驱曲线参数的关系

n_w	n_o	p	q	p/q	$1/q$
2	2	2.3295	0.7577	3.0745	1.3198
2	3	1.4340	0.4703	3.0492	2.1263
2	4	1.0000	0.3333	3.0000	3.0000
3	2	2.9168	0.7142	4.0838	1.4001
3	3	1.8376	0.4511	4.0740	2.2170
3	4	1.3092	0.3238	4.0434	3.0884
4	2	3.4828	0.6846	5.0876	1.4608
4	3	2.2240	0.4372	5.0874	2.2874
4	4	1.6041	0.3165	5.0687	3.1598

由表3-3可近似得：

$$\frac{p}{q} = 1.0n_\text{w} + 1.0 \tag{3.3-28}$$

根据表3-2和表3-3可得如下近似关系：

$$B_1 = \frac{2}{N_\text{R}w}\left(\frac{p}{q} + \frac{1}{q}\right) \tag{3.3-29}$$

由公式(3.3-29)和公式(3.2-32)可得：

$$\frac{1}{q} = \frac{B_1 - B_2}{B_2}n_\text{w} + \frac{B_1}{B_2}n_\text{o} - 1 \tag{3.3-30}$$

由公式(3.3-28)和公式(3.3-30)可得：

$$n_\text{w} = \frac{p}{q} - 1.0 \tag{3.3-31}$$

$$n_\text{o} = \frac{B_2 - B_1}{B_1}\frac{p}{q} + \frac{B_2}{B_1}\frac{1}{q} + 1.0 \tag{3.3-32}$$

3.4　基于 Welge 方程的理论水驱曲线

基于相对渗透率曲线的幂函数表达式，Welge 微分方程可以转化为线性方程。结合 Welge 微分方程和线性方程，可以推导出理论水驱曲线。理论水驱曲线在形式上与 Arps 递减曲线完全一致，Welge 系数 w 为理论水驱曲线的递减指数。

3.4.1　理论水驱曲线的推导

Welge 微分方程：

$$\overline{S}_\text{w} = S_\text{we} + \frac{1 - f_\text{w}(S_\text{we})}{f'_\text{w}(S_\text{we})} \tag{1.5-4}$$

也可以表示为线性方程：

$$\overline{S}_\text{w} = wS_\text{we} + (1-w)(1-S_\text{or}) \tag{1.5-13}$$

两者相等，即：

$$S_\text{we} + \frac{1 - f_\text{w}}{\dfrac{\mathrm{d}f_\text{w}}{\mathrm{d}S_\text{we}}} = wS_\text{we} + (1-w)(1-S_\text{or}) \tag{3.4-1}$$

由此可得：

$$\frac{1 - f_\text{w}}{\dfrac{\mathrm{d}f_\text{w}}{\mathrm{d}S_\text{we}}} = (w-1)S_\text{we} + (1-w)(1-S_\text{or}) \tag{3.4-2}$$

整理后可得：

$$\frac{1}{1-w}\frac{\mathrm{d}S_\text{we}}{S_\text{we} - (1-S_\text{or})} = \frac{\mathrm{d}f_\text{w}}{f_\text{w} - 1} \tag{3.4-3}$$

公式(3.4-3)两边进行积分：

$$\frac{1}{1-w}\int_{S_{wf}}^{S_{we}}\frac{dS_{we}}{S_{we}-(1-S_{or})}=\int_{f_{wf}}^{f_w}\frac{df_w}{f_w-1} \tag{3.4-4}$$

式中　S_{wf}——水驱前缘突破时的含水饱和度；

　　　f_{wf}——水驱前缘突破时的含水率。

公式(3.4-4)积分后可得：

$$\frac{1}{1-w}\ln\frac{S_{we}-(1-S_{or})}{S_{wf}-(1-S_{or})}=\ln\left(\frac{1-f_w}{1-f_{wf}}\right) \tag{3.4-5}$$

公式(3.4-5)整理后可得：

$$S_{we}=\left[S_{wf}-(1-S_{or})\right]\left(\frac{1-f_w}{1-f_{wf}}\right)^{1-w}+(1-S_{or}) \tag{3.4-6}$$

由公式(1.5-13)可得：

$$S_{we}=\frac{\overline{S}_w-(1-S_{or})}{w}+(1-S_{or}) \tag{3.4-7}$$

将公式(3.4-7)代入公式(3.4-6)可得：

$$\frac{\overline{S}_w-(1-S_{or})}{w}=\left[S_{wf}-(1-S_{or})\right]\left(\frac{1-f_w}{1-f_{wf}}\right)^{1-w} \tag{3.4-8}$$

将公式(2.1-3)代入公式(3.4-8)并整理后可得：

$$1-f_w=(1-f_{wf})\left[\frac{1}{wN_R(1-S_{wdf})}\right]^{\frac{1}{1-w}}(N_R-N_p)^{\frac{1}{1-w}} \tag{3.4-9}$$

将公式(2.1-4)代入公式(3.4-9)后可得：

$$1-f_w=\frac{1-f_{wf}}{(N_R-N_{pbt})^{\frac{1}{1-w}}}(N_R-N_p)^{\frac{1}{1-w}} \tag{3.4-10}$$

式中　N_{pbt}——水驱前缘突破时的累积产油量。

即：

$$\frac{dN_p}{dL_p}=\frac{1-f_{wf}}{(N_R-N_{pbt})^{\frac{1}{1-w}}}(N_R-N_p)^{\frac{1}{1-w}} \tag{3.4-11}$$

或写成：

$$dL_p=\frac{(N_R-N_{pbt})^{\frac{1}{1-w}}}{1-f_{wf}}\frac{dN_p}{(N_R-N_p)^{\frac{1}{1-w}}} \tag{3.4-12}$$

公式(3.4-12)两边积分后可得：

$$L_p-L_{pbt}=\frac{(N_R-N_{pbt})^{\frac{1}{1-w}}}{1-f_{wf}}\frac{1-w}{w}\left[\frac{1}{(N_R-N_p)^{\frac{w}{1-w}}}-\frac{1}{(N_R-N_{pbt})^{\frac{w}{1-w}}}\right] \tag{3.4-13}$$

式中　L_{pbt}——水驱前缘突破时的累积产液量。

整理后可得：

$$N_p = N_R - \cfrac{N_R - N_{pbt}}{\left[1 + \cfrac{w}{1-w}\cfrac{1-f_{wf}}{N_R - N_{pbt}}(L_p - L_{pbt})\right]^{\frac{1}{w}-1}} \tag{3.4-14}$$

将公式(2.1-4)代入公式(1.5-20)可得：

$$w = 1 - \cfrac{1-f_{wf}}{f_{wf}}\cfrac{N_{pbt} - N_R + wN_R}{N_R - N_{pbt}} \tag{3.4-15}$$

公式(3.4-15)整理后可得：

$$w = \cfrac{N_R - N_{pbt}}{N_R - f_{wf}N_{pbt}} \tag{3.4-16}$$

由公式(3.4-16)可得：

$$\cfrac{w}{1-w} = \cfrac{N_R - N_{pbt}}{N_{pbt}(1-f_{wf})} \tag{3.4-17}$$

将公式(3.4-17)代入公式(3.4-14)可得：

$$N_p = N_R - \cfrac{N_R - N_{pbt}}{\left[1 + \cfrac{1}{N_{pbt}}(L_p - L_{pbt})\right]^{\frac{1}{w}-1}} \tag{3.4-18}$$

公式(3.4-18)可以改写为：

$$N_p = N_R - \cfrac{N_{pbt}^{\frac{1}{w}-1}(N_R - N_{pbt})}{(L_p - W_{pbt})^{\frac{1}{w}-1}} \tag{3.4-19}$$

式中 W_{pbt}——水驱前缘突破时的累积产水量。

令：

$$A = N_{pbt}^{\frac{1}{w}-1}(N_R - N_{pbt}) \tag{3.4-20}$$

$$B = \cfrac{1}{w} - 1 \tag{3.4-21}$$

$$C = -W_{pbt} \tag{3.4-22}$$

那么公式(3.4-19)可以改写为：

$$N_p = N_R - \cfrac{A}{(L_p + C)^B} \tag{3.4-23}$$

即理论水驱曲线。

公式(3.4-19)可以改写为另一种方式表示的理论水驱曲线：

$$N_p = N_R - \cfrac{N_R - N_{pbt}}{\left[1 + wD_{lbt}(L_p - L_{pbt})\right]^{\frac{1}{w}-1}} \tag{3.4-24}$$

其中：

$$D_{\text{lbt}} = \frac{1}{wN_{\text{pbt}}} \tag{3.4-25}$$

或:

$$D_{\text{lbt}} = \frac{N_R - f_{\text{wf}} N_{\text{pbt}}}{N_{\text{pbt}} (N_R - N_{\text{pbt}})} \tag{3.4-26}$$

在定液生产条件下,累积产液量可以表示为时间的函数,此时公式(3.4-24)可以转化为 Arps 递减曲线。不过在定液生产条件下,其递减指数为 Welge 系数 w(与水油流度比、水相指数、油相指数相关),而 Arps 递减曲线是在定压生产条件下得到的,其递减指数为 n(由油相指数确定)。由此可见,生产制度直接影响 Arps 递减曲线中递减指数值的大小。

定义单位产液量下产量变化率即递减率为:

$$D_1 = -\frac{\mathrm{d}\dfrac{\mathrm{d}N_{\text{p}}}{\mathrm{d}L_{\text{p}}}}{\dfrac{\mathrm{d}N_{\text{p}}}{\mathrm{d}L_{\text{p}}} \mathrm{d}L_{\text{p}}} \tag{3.4-27}$$

由此可得:

$$D_1 = \frac{\mathrm{d}f_{\text{w}}}{\mathrm{d}N_{\text{p}}} \tag{3.4-28}$$

因此水驱前缘突破时的递减率为:

$$D_{\text{lbt}} = \left(\frac{\mathrm{d}f_{\text{w}}}{\mathrm{d}N_{\text{p}}}\right)_{N_{\text{pbt}}} = \left(\frac{\mathrm{d}f_{\text{w}}}{\mathrm{d}S_{\text{wd}}}\right)_{S_{\text{wdf}}} \frac{\mathrm{d}S_{\text{wd}}}{\mathrm{d}N_{\text{p}}} \tag{3.4-29}$$

将公式(1.4-8)和公式(2.1-4)代入公式(3.4-29)后可得公式(3.4-26)。由此可知,公式(3.4-26)定义的值就是水驱前缘突破时的产量递减率。

由公式(3.4-16)和公式(3.4-25)可得:

$$N_R = N_{\text{pbt}} + \frac{1 - f_{\text{wf}}}{D_{\text{lbt}}(1 - w)} \tag{3.4-30}$$

这与 Arps 双曲递减曲线计算可动油储量的公式在形式上完全一致,Welge 系数 w 就相当于 Arps 递减曲线中的递减指数 n。Arps 递减曲线适用于定压生产制度或定液生产制度,但不适用于其他生产制度。理论水驱曲线不受生产制度的约束,因此适用范围更宽、预测精度也更高。对于水驱油田来说,理论水驱曲线可以替代 Arps 递减曲线。

根据公式(1.5-23)和公式(2.1-4)可得:

$$N_{\text{pbt}} = \frac{(1 - w)(n_{\text{w}} - n_{\text{o}} + wn_{\text{o}})}{(1 - w)(n_{\text{w}} - n_{\text{o}}) + w} N_R \tag{3.4-31}$$

即水驱前缘突破时的累积产油量与可动油储量呈正比关系。

3.4.2 理论水驱曲线的各类关系

(1)水油比和累积产油量的关系

由公式（3.4-23）可得：

$$\frac{f_{\mathrm{w}}}{1-f_{\mathrm{w}}} = \frac{1 - \dfrac{B}{A^{\frac{1}{B}}}(N_{\mathrm{R}} - N_{\mathrm{p}})^{\frac{B+1}{B}}}{\dfrac{B}{A^{\frac{1}{B}}}(N_{\mathrm{R}} - N_{\mathrm{p}})^{\frac{B+1}{B}}} \tag{3.4-32}$$

（2）含水率和累积产油量的关系

根据公式（3.4-32）可得：

$$f_{\mathrm{w}} = 1 - \frac{B}{A^{\frac{1}{B}}}(N_{\mathrm{R}} - N_{\mathrm{p}})^{\frac{B+1}{B}} \tag{3.4-33}$$

（3）含水上升率和累积产油量的关系

根据公式（3.4-33）可得：

$$f'_{\mathrm{w}} = \frac{(B+1)N_{\mathrm{R}}}{A^{\frac{1}{B}}}(N_{\mathrm{R}} - N_{\mathrm{p}})^{\frac{1}{B}} \tag{3.4-34}$$

（4）含水上升率和含水率的关系

结合公式（3.4-33）和公式（3.4-34）可得：

$$f'_{\mathrm{w}} = \frac{(B+1)N_{\mathrm{R}}}{(AB)^{\frac{1}{B+1}}}(1 - f_{\mathrm{w}})^{\frac{1}{B+1}} \tag{3.4-35}$$

（5）累积产水量和累积产油量的关系

由公式（3.4-23）可得：

$$W_{\mathrm{p}} = \frac{A^{\frac{1}{B}}}{(N_{\mathrm{R}} - N_{\mathrm{p}})^{\frac{1}{B}}} - N_{\mathrm{p}} - C \tag{3.4-36}$$

（6）累积产油量和累积产水量的关系

累积产油量和累积产水量的近似关系如下：

$$N_{\mathrm{p}} = N_{\mathrm{R}} - \frac{W_{\mathrm{p}} + C + N_{\mathrm{R}}}{2B^{0.8}}\left[1 - \sqrt{1 - \frac{4AB^{0.8}}{(W_{\mathrm{p}} + C + N_{\mathrm{R}})^{B+1}}}\right] \tag{3.4-37}$$

推导见本书附录3。

（7）累积产液量与累积产油量的关系

由公式（3.4-36）可得：

$$L_{\mathrm{p}} = \frac{A^{\frac{1}{B}}}{(N_{\mathrm{R}} - N_{\mathrm{p}})^{\frac{1}{B}}} - C \tag{3.4-38}$$

（8）累积产油量与累积产液量的关系

$$N_{\mathrm{p}} = N_{\mathrm{R}} - \frac{A}{(L_{\mathrm{p}} + C)^B} \tag{3.4-23}$$

3.4.3　理论水驱曲线参数和相对渗透率曲线参数的关系

理论水驱曲线是根据 Welge 方程推导出来的，理论水驱曲线参数和相对渗透率曲线参数的关系为：

$$B = \frac{1}{w} - 1 \tag{3.4-21}$$

将公式(2.1-5)和公式(3.3-9)代入公式(2.1-7)可得：

$$\frac{f_w}{1-f_w} = \frac{M(wN_R)^{n_o-n_w}(N_p-N_{p0})^{n_w}}{(N_R-N_p)^{n_o}} \tag{3.4-39}$$

当含水率趋于 1 时，累积产油量趋于可动油储量，因此公式(3.4-39)和公式(3.4-32)分别趋于：

$$\frac{f_w}{1-f_w} = \frac{M(wN_R)^{n_o}}{(N_R-N_p)^{n_o}} \tag{3.4-40}$$

$$\frac{f_w}{1-f_w} = \frac{\dfrac{A^{\frac{1}{B}}}{B}}{(N_R-N_p)^{\frac{B+1}{B}}} \tag{3.4-41}$$

对比公式(3.4-40)和公式(3.4-41)可知，当含水率趋于 1 时，满足如下关系：

$$n_o = \frac{B+1}{B} \tag{3.4-42}$$

即：

$$B = \frac{1}{n_o-1} \tag{3.4-43}$$

由公式(3.4-21)和公式(3.4-43)可见，B 值并非是一个严格的常数。原因在于 Welge 系数 w 不是一个严格的常数。w 值通常由油相指数、水相指数和水油流度比确定，但含水率趋于 1 时，Welge 系数 w 仅与油相指数有关。

根据公式(3.4-21)和公式(3.4-43)可得，当含水率趋向 1 时，Welge 系数趋于如下值：

$$w = \frac{n_o-1}{n_o} \tag{3.4-44}$$

3.5　采收率预测模型研究

基于 3.2~3.4 节中介绍的三种水驱曲线，可以绘制得到对应的三套采收率预测图版，用于水驱开发油田采收率的预测。

3.5.1　基于甲型水驱曲线的采收率预测模型

童氏图版的理论基础有两个：一是常用对数表示的甲型水驱曲线，二是甲型水驱曲线的斜率与水驱地质储量的乘积为 7.5 的统计规律[4]。但更多的实际油田统计结果表明[5,6]，童氏图版系数的可能范围是 4.9~14.0，有的低渗油田系数值可能更大[7]。本节将重点讨论童氏图版系数的影响因素。

将公式(2.1-5)代入公式(3.2-5)可得：

$$\frac{f_{\mathrm{w}}}{1-f_{\mathrm{w}}} = Mae^{\frac{b}{wN_{\mathrm{R}}}\left[N_{\mathrm{p}}+(w-1)N_{\mathrm{R}}\right]} \tag{3.5-1}$$

即：

$$\mathrm{d}W_{\mathrm{p}} = Mae^{\frac{b}{wN_{\mathrm{R}}}\left[N_{\mathrm{p}}+(w-1)N_{\mathrm{R}}\right]}\mathrm{d}N_{\mathrm{p}} \tag{3.5-2}$$

公式(3.5-2)积分后可得：

$$W_{\mathrm{p}} = \frac{MawN_{\mathrm{R}}}{b}e^{\frac{b}{wN_{\mathrm{R}}}(w-1)N_{\mathrm{R}}}\left[e^{\frac{b}{wN_{\mathrm{R}}}N_{\mathrm{p}}}-e^{\frac{b}{wN_{\mathrm{R}}}(1-w)N_{\mathrm{R}}}\right] \tag{3.5-3}$$

公式(3.5-3)整理后可得：

$$W_{\mathrm{p}}+\frac{MawN_{\mathrm{R}}}{b} = \frac{MawN_{\mathrm{R}}}{b}e^{\frac{b}{w}(w-1)}e^{\frac{b}{wN_{\mathrm{R}}}N_{\mathrm{p}}} \tag{3.5-4}$$

公式(3.5-4)两边取自然对数后可得：

$$\ln\left(W_{\mathrm{p}}+\frac{MawN_{\mathrm{R}}}{b}\right) = \ln\frac{MawN_{\mathrm{R}}}{b}+\frac{b}{w}(w-1)+\frac{b}{wN_{\mathrm{R}}}N_{\mathrm{p}} \tag{3.5-5}$$

令：

$$C = \frac{MawN_{\mathrm{R}}}{b} \tag{3.5-6}$$

$$A = \ln\frac{MawN_{\mathrm{R}}}{b}+\frac{b}{w}(w-1) \tag{3.5-7}$$

$$B = \frac{b}{wN_{\mathrm{R}}} \tag{3.5-8}$$

那么公式(3.5-5)可以写为：

$$\ln(W_{\mathrm{p}}+C) = A+BN_{\mathrm{p}} \tag{3.5-9}$$

对累积产油量求导后可得：

$$\ln\frac{f_{\mathrm{w}}}{1-f_{\mathrm{w}}} = \ln B+A+BN_{\mathrm{p}} \tag{3.5-10}$$

令含水率98%时的累积产油量为N_{p98}，那么：

$$3.89 = \ln B+A+BN_{\mathrm{p98}} \tag{3.5-11}$$

公式(3.5-10)减去公式(3.5-11)可得：

$$\ln\frac{f_{\mathrm{w}}}{1-f_{\mathrm{w}}} = 3.89+B(N_{\mathrm{p}}-N_{\mathrm{p98}}) \tag{3.5-12}$$

将公式(3.5-8)代入公式(3.5-12)可得：

$$\ln\frac{f_{\mathrm{w}}}{1-f_{\mathrm{w}}} = 3.89+\frac{b}{wN_{\mathrm{R}}}(N_{\mathrm{p}}-N_{\mathrm{p98}}) \tag{3.5-13}$$

可动油储量和水驱地质储量的关系为：

$$N_{\mathrm{R}} = N_{\mathrm{o}}E_{\mathrm{d}} \tag{3.5-14}$$

式中　E_{d}——驱油效率。

公式(3.5-14)代入公式(3.5-13)并整理后可得:

$$\ln \frac{f_w}{1-f_w} = 3.89 + \frac{b}{wE_d}(R-E_R) \quad (3.5-15)$$

式中　E_R——采收率;

　　　R——采出程度。

再将公式(3.2-30)代入公式(3.5-15)后可得:

$$\ln \frac{f_w}{1-f_w} = 3.89 + \frac{2(n_w+n_o)}{wE_d}(R-E_R) \quad (3.5-16)$$

公式(3.5-16)可以改为常用对数公式:

$$\lg \frac{f_w}{1-f_w} = 1.69 + C_T(R-E_R) \quad (3.5-17)$$

其中:

$$C_T = \frac{2(n_w+n_o)}{wE_d \ln 10} \quad (3.5-18)$$

这里的 C_T 与文献[1]中的 C 相比在分母项多了一个 Welge 系数,由于 Welge 系数小于 1,因此这里得到的 C_T 值大于文献[1]计算的 C 值。

由公式(3.5-18)可知童氏图版系数是由相对渗透率曲线参数及 Welge 系数确定的,而 Welge 系数又是由相对渗透率曲线参数和水油流度比确定的,因此童氏图版系数值是由相对渗透率曲线参数和水油流度比确定的。一些油田的 C_T 值远大于7.5的原因:一是部分油田的驱油效率偏低,尤其是很多低渗油田;二是低黏原油的 Welge 系数较小。

当 $C_T = 7.5$ 时的采收率预测图版如图3-1所示。

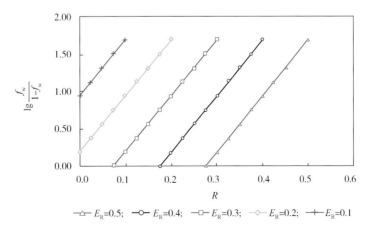

图3-1　基于甲型水驱曲线的采收率预测图版($C_T = 7.5$)

3.5.2 基于近似理论水驱曲线的采收率预测模型

根据公式(3.3-17)可得:

$$\frac{N_\mathrm{p}-N_\mathrm{p0}}{W_\mathrm{p}}\frac{f_\mathrm{w}}{1-f_\mathrm{w}}=\frac{p}{q}+\frac{1}{q}\frac{R-R_0}{E_\mathrm{d}-R} \tag{3.5-19}$$

公式(3.5-19)整理后可得采收率(指的是水驱地质储量的驱油效率)预测模型:

$$\frac{W_\mathrm{p}}{N_\mathrm{p}-N_\mathrm{p0}}\frac{1-f_\mathrm{w}}{f_\mathrm{w}}=\frac{q(E_\mathrm{d}-R)}{p(E_\mathrm{d}-R)+R-R_0} \tag{3.5-20}$$

式中 R_0——无水期采出程度。

根据油田的相渗资料,可以得到 q、p 值。当 $q=0.5$、$p=2.0$、$R_0=0$ 时的采收率预测图版如图3-2所示。

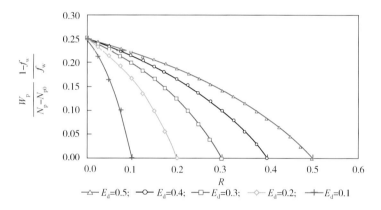

图3-2 基于近似理论水驱曲线的采收率预测图版($q/p/R_0=0.5/2/0$)

3.5.3 基于理论水驱曲线的采收率预测模型

当累积产液量足够大时,公式(3.4-23)中的 C 值可以忽略不计。结合公式(3.4-23)和公式(3.4-33)可得:

$$\frac{N_\mathrm{R}-N_\mathrm{p}}{1-f_\mathrm{w}}=\frac{L_\mathrm{p}}{B} \tag{3.5-21}$$

公式(3.5-21)整理后可得:

$$L_\mathrm{p}(1-f_\mathrm{w})=B(N_\mathrm{R}-N_\mathrm{p}) \tag{3.5-22}$$

公式(3.5-22)两边同除以水驱地质储量后可得采收率(指的是水驱地质储量的驱油效率)预测模型:

$$\frac{L_\mathrm{p}}{N_\mathrm{o}}(1-f_\mathrm{w})=B(E_\mathrm{d}-R) \tag{3.5-23}$$

模型中的 B 值是由 Welge 系数确定的，见公式（3.4-21）。当 $B=0.5$ 时的采收率预测图版如图 3-3 所示。

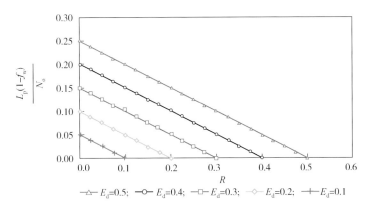

图 3-3　基于理论水驱曲线的采收率预测图版（ $B=0.5$ ）

3.6　小结

本章基于不同的条件推导出了三种水驱曲线，即基于油水相对渗透率比值为指数函数的甲型水驱曲线，基于相对渗透率曲线幂函数表达式的近似理论水驱曲线和基于 Welge 方程的理论水驱曲线。

常用甲型水驱曲线的假设条件和表达式：

$$\frac{K_{\mathrm{ro}}}{K_{\mathrm{rw}}}=a_1\mathrm{e}^{-bS_{\mathrm{wd}}} \tag{3.2-1}$$

$$\ln W_{\mathrm{p}}=A_1+B_1 N_{\mathrm{p}} \tag{3.2-15}$$

或者：

$$\ln\frac{f_{\mathrm{w}}}{1-f_{\mathrm{w}}}=A_2+B_2 N_{\mathrm{p}} \tag{3.2-17}$$

近似理论水驱曲线通过近似处理得到：

$$W_{\mathrm{p}}\approx\frac{MwN_{\mathrm{R}}}{n_{\mathrm{w}}+1}\int_0^{S_{\mathrm{wd}}}\left[\frac{(n_{\mathrm{w}}+1)S_{\mathrm{wd}}^{n_{\mathrm{w}}}+(n_{\mathrm{o}}-n_{\mathrm{w}}-2)S_{\mathrm{wd}}^{n_{\mathrm{w}}+1}}{(1-S_{\mathrm{wd}})^{n_{\mathrm{o}}}}\right]\mathrm{d}S_{\mathrm{wd}} \tag{3.3-1}$$

$$N_{\mathrm{p}}=N_{\mathrm{R}}-A\frac{(N_{\mathrm{p}}-N_{\mathrm{p0}})^p}{W_{\mathrm{p}}^q} \tag{3.3-7}$$

理论水驱曲线是由 Welge 方程推导得到的：

$$N_{\mathrm{p}}=N_{\mathrm{R}}-\frac{A}{(L_{\mathrm{p}}+C)^B} \tag{3.4-23}$$

通过研究还得到了水驱曲线参数和相对渗透率曲线参数的关系：

甲型水驱曲线参数和相对渗透率曲线参数的关系：

$$B_2 = \frac{2(n_{\text{w}} + n_{\text{o}})}{wN_{\text{R}}} \quad\quad (3.2\text{-}32)$$

近似理论水驱曲线参数和相对渗透率曲线参数的关系：

$$\frac{p}{q} = 1.0n_{\text{w}} + 1.0 \quad\quad (3.3\text{-}28)$$

$$\frac{1}{q} = \frac{B_1 - B_2}{B_2}n_{\text{w}} + \frac{B_1}{B_2}n_{\text{o}} - 1 \quad\quad (3.3\text{-}30)$$

理论水驱曲线参数和相对渗透率曲线参数的关系：

$$B = \frac{1}{w} - 1 \qu\quad (3.4\text{-}21)$$

根据甲型水驱曲线参数和相对渗透率曲线参数的关系，推导出了新的采收率预测模型：

$$\lg\frac{f_{\text{w}}}{1-f_{\text{w}}} = 1.69 + C_{\text{T}}(R - E_{\text{R}}) \qu\quad (3.5\ 17)$$

其中：

$$C_{\text{T}} = \frac{2(n_{\text{w}} + n_{\text{o}})}{wE_{\text{d}}\ln10} \quad\quad (3.5\text{-}18)$$

即童氏图版中的 C_{T} 值与水相指数和油相指数之和成正比，与 Welge 系数和驱油效率之积成反比。

本章还引入了一个新概念，即单位产液量下产量变化率（递减率）：

$$D_1 = -\frac{\text{d}\dfrac{\text{d}N_{\text{p}}}{\text{d}L_{\text{p}}}}{\dfrac{\text{d}N_{\text{p}}}{\text{d}L_{\text{p}}}\text{d}L_{\text{p}}} \quad\quad (3.4\text{-}27)$$

此时理论水驱曲线也可以表示为：

$$N_{\text{p}} = N_{\text{R}} - \frac{N_{\text{R}} - N_{\text{pbt}}}{\left[1 + wD_{\text{lbt}}(L_{\text{p}} - L_{\text{pbt}})\right]^{\frac{1}{w}-1}} \qu\quad (3.4\text{-}24)$$

可动油储量的计算公式为：

$$N_{\text{R}} = N_{\text{pbt}} + \frac{1 - f_{\text{wf}}}{D_{\text{lbt}}(1-w)} \qu\quad (3.4\text{-}30)$$

公式（3.4-24）和公式（3.4-30）分别可以改写为：

$$N_{\text{p}} - N_{\text{pbt}} = N_{\text{R}} - N_{\text{pbt}} - \frac{N_{\text{R}} - N_{\text{pbt}}}{\left[1 + wD_{\text{lbt}}(L_{\text{p}} - L_{\text{pbt}})\right]^{\frac{1}{w}-1}} \qu\quad (3.6\text{-}1)$$

$$N_R - N_{pbt} = \frac{1 - f_{wf}}{D_{lbt}(1-w)} \quad (3.6-2)$$

这与 Arps 递减曲线表达式的形式完全一致，$N_R - N_{pbt}$ 相当于水驱前缘突破后递减阶段的可动油储量。在定液生产条件下，理论水驱曲线可以转化为 Arps 递减曲线。在定压生产条件下递减指数 n 仅与油相指数有关；而在定液生产条件下，递减指数为 Welge 系数，Welge 系数不仅仅与油相指数有关，还与水相指数和水油流度比有关，由此可见 Arps 递减曲线的递减指数与生产制度相关。如果既不是定压生产也不是定液生产，那么指标变化不符合 Arps 递减曲线，但符合理论水驱曲线。因此，对于水驱油田而言，理论水驱曲线适用范围更宽，预测精度也会更高。

参 考 文 献

[1] 张金庆. 水驱油田产量预测模型[M]. 北京：石油工业出版社，2013.

[2] 塔雷克·艾哈迈德. 油藏工程手册(第三版)(原书影印版)[M]. 北京：石油工业出版社，2009.

[3] 张金庆. 一种简单实用的水驱特征曲线[J]. 石油勘探与开发，1998，25(3)：56-57.

[4] 童宪章. 天然水驱和人工注水油藏的统计规律探讨[J]. 石油勘探与开发，1978，4(6)：38-64.

[5] 杨通佑. 石油及天然气储量计算方法[M]. 北京：石油工业出版社，1990.

[6] 李炼文. 预测水驱采收率方法的改进与应用[J]. 江汉石油学院学报，2003，25(4)：106-108.

[7] 王柏力. 童氏含水与采出程度关系图版的改进与应用[J]. 大庆石油地质与开发，2006，25(4)：62-64.

4

水驱曲线参数的解法

第 3 章已在不同条件下推导得出三种水驱曲线。本章将进一步研究这三种水驱曲线的参数解法。常用的甲型水驱曲线(或者甲乙型通式水驱曲线)待定参数少，其参数较容易求解，但由于高含水后期存在"上翘"现象，无法直接预测可动油储量，然而可以通过递减理论，近似估计其可动油储量。近似理论水驱曲线待定参数多，多解性强，求解难度大，可借助甲乙型通式水驱曲线和甲型水驱曲线，先求出可动油储量和无水采油量，在此基础上，其他参数就迎刃而解。理论水驱曲线的各项参数可基于近似理论水驱曲线参数求取。

4.1 甲乙型通式水驱曲线参数及可动油储量求解方法

以文献[1]介绍的大庆油田小井距试验数据为例，详述不同水驱曲线参数的求解方法和过程。

试验井组由 1 口中央生产井(511 井)和 3 口周围注水井(513 井、515 井和 517 井)及 3 口平衡生产井(512 井、514 井和 516 井)所组成，平均井距 77m(图 4-1)。511 井控制的三角形面积 7394m²，有效孔隙度 0.26，地层原始含油饱和度 0.837，地层束缚水饱和度 0.163，地层原油黏度 9.5mPa·s，地层水的黏度 0.7mPa·s，地层原始体积系数 1.122，地面脱气原油密度 0.86g/cm³，井组控制原始地质储量 12542t。井组的注水试验始于 1965 年 10 月，终于 1966 年 12 月，历时 14 个月。试验井组的基本生产数据见表 4-1。

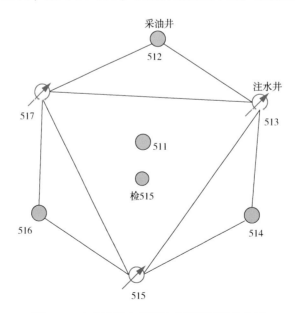

图 4-1 大庆油田小井距注水开发试验井位图

表 4-1   大庆油田小井距注水试验生产数据[1]

序号	N_p/t	W_p/t	L_p/t	f_w
1	1766.2	35.2	1801.4	0.1
2	2601.7	161.2	2762.9	0.2
3	2974.9	312.5	3287.4	0.3
4	3187.8	422.6	3610.4	0.4
5	3519.1	696.5	4215.6	0.5
6	3726.2	973.5	4699.7	0.6
7	4030.2	1569.6	5599.8	0.7
8	4702.5	3832	8534.5	0.8
9	5452.5	8737	14189.5	0.9
10	6481.2	26530	33011.2	0.97

由文献[2]可知，本试验无水采出程度为 7.5%，由此可估算出无水采油量为 940.65t。需要注意的是这种方法估算的无水采油量往往偏低。

4.1.1   甲型水驱曲线参数回归法

根据表 4-1 的数据，可以绘制出累积产水量的对数值与累积产油量的关系图以及瞬时水油比的对数值与累积产油量的关系图（图 4-2）。由图可见，无论是累积产水量半对数曲线还是瞬时水油比半对数曲线，都呈现比较理想的线性段。

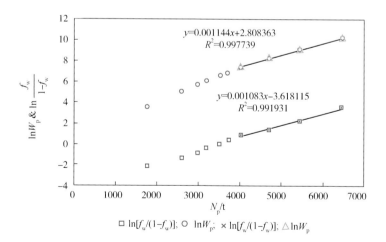

图 4-2   甲型水驱曲线（小井距试验）

选取合适数据点进行回归可得：

$$\ln W_p = A_1 + B_1 N_p \tag{4.1-1}$$

其中：

$$A_1 = 2.808363$$
$$B_1 = 0.001144 \tag{4.1-2}$$

和：

$$\ln \frac{f_w}{1-f_w} = A_2 + B_2 N_p \tag{4.1-3}$$

其中：

$$A_2 = -3.61811$$
$$B_2 = 0.001083 \tag{4.1-4}$$

公式(4.1-1)或公式(4.1-3)都无法直接求出可动油储量，只能求出不同含水率下的累积产油量。由于甲型水驱曲线存在上翘问题，通常用含水率为98%时的累积产油量来代替水驱可采储量。由于含水率波动往往比较大，因此，通常通过公式(4.1-1)来预测不同含水率时的累积产油量和含水率为98%下的水驱可采储量。根据公式(4.1-1)可得：

$$N_p = \frac{1}{B_1}\left(\ln \frac{f_w}{1-f_w} - A_1 - \ln B_1\right) \tag{4.1-5}$$

4.1.2 甲乙型通式水驱曲线参数回归法

甲型水驱曲线出现线性段的范围比较窄，出现的时机也比较晚，而甲乙型通式水驱曲线出现线性段的范围更宽，线性段出现的时机更早(见附录4)，因此在实际应用中可以用甲乙型通式水驱曲线来代替甲型水驱曲线。

甲乙型通式水驱曲线的表达式为：

$$\ln(W_p + C N_p) = A + B N_p \tag{4.1-6}$$

通式中有三个待求参数，可以通过改变待定 C 值来求解参数。比如 C 值从 0 开始，根据公式(4.1-6)画出关系曲线(图4-3)，选择合适的点进行线性回归，增加或减小 C 值，直到根据公式(4.1-6)预测累积产水量和实际累积产水量之差的平方和最小，此时的 C 值为 0.1925(也可以根据相关系数最大化来确定 C 值)。其他参数如下：

$$A = 3.701641$$
$$B = 0.001008 \tag{4.1-7}$$

随含水率变化的累积产油量计算公式为：

$$N_p = \frac{1}{B}\left[\ln\left(\frac{f_w}{1-f_w} + C\right) - A - \ln B\right] \tag{4.1-8}$$

可以看出公式(4.1-8)无法计算可动油储量。

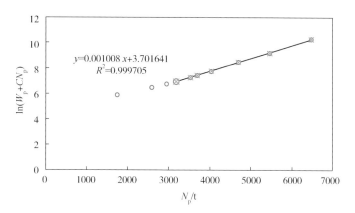

图 4-3　甲乙型通式水驱曲线参数拟合(C=0.1925)

4.1.3　甲乙型通式水驱曲线计算可动油储量的方法

公式(4.1-6)两边对累积产油量求导并整理后可得:

$$f_w = \frac{Be^{A+BN_p} - C}{Be^{A+BN_p} - C + 1} \qquad (4.1-9)$$

公式(4.1-9)对累积产油量求导可得:

$$\frac{\mathrm{d}f_w}{\mathrm{d}N_p} = \frac{B^2 e^{A+BN_p}}{(Be^{A+BN_p} - C + 1)^2} \qquad (4.1-10)$$

公式(4.1-10)继续对累积产油量求导:

$$\frac{\mathrm{d}}{\mathrm{d}N_p}\left(\frac{\mathrm{d}f_w}{\mathrm{d}N_p}\right) = \frac{B^3 e^{A+BN_p}(1-C-Be^{A+BN_p})}{(Be^{A+BN_p} - C + 1)^3} \qquad (4.1-11)$$

当水驱前缘突破时,满足如下条件:

$$\frac{\mathrm{d}}{\mathrm{d}N_p}\left[\frac{\mathrm{d}}{\mathrm{d}N_p}\left(\frac{\mathrm{d}f_w}{\mathrm{d}N_p}\right)\right] = 0 \qquad (4.1-12)$$

将公式(4.1-11)代入公式(4.1-12)可得:

$$\frac{B^4 e^{A+BN_{pbt}}\left[(Be^{A+BN_{pbt}})^2 - 4(1-C)Be^{A+BN_{pbt}} + (1-C)^2\right]}{(Be^{A+BN_{pbt}} - C + 1)^4} = 0 \qquad (4.1-13)$$

即:

$$(Be^{A+BN_{pbt}})^2 - 4(1-C)Be^{A+BN_{pbt}} + (1-C)^2 = 0 \qquad (4.1-14)$$

由此可得:

$$Be^{A+BN_{pbt}} = (2+\sqrt{3})(1-C) \qquad (4.1-15)$$

即水驱前缘突破时的累积产油量 N_{pbt} 为:

$$N_{\text{pbt}} = \frac{1}{B}\left[\ln\frac{1-C}{B} - A + \ln\left(2+\sqrt{3}\right)\right] \quad (4.1-16)$$

将公式(4.1-16)代入公式(4.1-9)可得:

$$f_{\text{wf}} = 1 - \frac{3-\sqrt{3}}{6(1-C)} \quad (4.1-17)$$

把 A、B、C 值代入公式(4.1-16)和公式(4.1-17)可得:

$$N_{\text{pbt}} = 4269.48$$
$$f_{\text{wf}} = 0.7383 \quad (4.1-18)$$

根据公式(4.1-6)可得:

$$W_{\text{p}} = e^{A+BN_{\text{p}}} - CN_{\text{p}} \quad (4.1-19)$$

$$L_{\text{p}} = e^{A+BN_{\text{p}}} + (1-C)N_{\text{p}} \quad (4.1-20)$$

公式(4.1-20)两边对累积产油量求导可得:

$$\frac{\text{d}L_{\text{p}}}{\text{d}N_{\text{p}}} = Be^{A+BN_{\text{p}}} + (1-C) \quad (4.1-21)$$

即:

$$\frac{\text{d}N_{\text{p}}}{\text{d}L_{\text{p}}} = \frac{1}{Be^{A+BN_{\text{p}}} + (1-C)} \quad (4.1-22)$$

公式(4.1-22)两边对累积产液量求导可得:

$$\frac{\text{d}\dfrac{\text{d}N_{\text{p}}}{\text{d}L_{\text{p}}}}{\text{d}L_{\text{p}}} = -\frac{B^2 e^{A+BN_{\text{p}}}}{(Be^{A+BN_{\text{p}}}+1-C)^2}\frac{\text{d}N_{\text{p}}}{\text{d}L_{\text{p}}} \quad (4.1-23)$$

将公式(4.1-23)代入公式(3.4-27),可得递减率公式:

$$D_{\text{l}} = \frac{B^2 e^{A+BN_{\text{p}}}}{(Be^{A+BN_{\text{p}}}+1-C)^2} \quad (4.1-24)$$

将公式(4.1-16)代入公式(4.1-24)可得初始递减率(水驱前缘处的递减率):

$$D_{\text{lbt}} = \frac{B}{6(1-C)} \quad (4.1-25)$$

根据 Arps 递减理论可得:

$$D_{\text{l}} = \frac{D_{\text{lbt}}}{1+wD_{\text{lbt}}(L_{\text{p}}-L_{\text{pbt}})} \quad (4.1-26)$$

由此可得:

$$\frac{1}{D_{\text{l}}} = \frac{1}{D_{\text{lbt}}} + w(L_{\text{p}}-L_{\text{pbt}}) \quad (4.1-27)$$

两边对累积产液量求导可得：

$$\frac{\mathrm{d}\dfrac{1}{D_l}}{\mathrm{d}L_p} = w \tag{4.1-28}$$

将公式(4.1-24)代入公式(4.1-28)可得：

$$w = 1 - \frac{1-C}{Be^{A+BN_{pbt}}} \tag{4.1-29}$$

当水驱前缘突破时，累积产油量满足公式(4.1-15)。将公式(4.1-15)代入公式(4.1-29)后可得：

$$w = \sqrt{3} - 1 \tag{4.1-30}$$

根据公式(3.4-30)，含水上升率从凸形递减转凹形递减后的剩余可动油储量为：

$$N_R - N_{pbt} = \frac{1-f_{wf}}{D_{lbt}(1-w)} \tag{4.1-31}$$

将公式(4.1-17)、公式(4.1-25)和公式(4.1-30)代入公式(4.1-31)可得：

$$N_R = N_{pbt} + \frac{3+\sqrt{3}}{B} \tag{4.1-32}$$

将公式(4.1-7)的 B 值和公式(4.1-18)的 N_{pbt} 值代入公式(4.1-32)可求得可动油储量为 8966.05t。

这种方法得到的结果有时误差较大，仅可作为一个估计值。

4.2　近似理论水驱曲线参数及可动油储量求解方法

4.2.1　甲型水驱曲线出现线性段时近似理论水驱曲线参数求解方法

由图4-2可见，无论是以累积产水量对数表示的还是以水油比对数表示的甲型水驱曲线均已出现线性段。

由公式(4.1-1)可得：

$$W_p = e^{A_1+B_1N_p} \tag{4.2-1}$$

再由公式(4.1-3)可得：

$$\frac{f_w}{1-f_w} = e^{A_2+B_2N_p} \tag{4.2-2}$$

将公式(4.2-1)和公式(4.2-2)代入近似理论水驱曲线公式(3.3-17)可得：

$$e^{A_2-A_1+(B_2-B_1)N_P}(N_P-N_{p0}) = \frac{p}{q} + \frac{1}{q}\frac{N_P-N_{p0}}{N_R-N_P} \tag{4.2-3}$$

令:

$$N_P = \frac{N_R+N_{p0}}{2} \tag{4.2-4}$$

将公式(4.2-4)代入公式(4.2-3)可得:

$$e^{A_2-A_1+(B_2-B_1)\frac{N_R+N_{p0}}{2}}\frac{N_R-N_{p0}}{2} = \frac{p}{q} + \frac{1}{q} \tag{4.2-5}$$

根据公式(3.3-9)和公式(3.3-29)可得:

$$\frac{p}{q} + \frac{1}{q} = \frac{B_1(N_R-N_{p0})}{2} \tag{4.2-6}$$

将公式(4.2-6)代入公式(4.2-5)可得:

$$e^{A_2-A_1+(B_2-B_1)\frac{N_R+N_{p0}}{2}} = B_1 \tag{4.2-7}$$

公式(4.2-7)两边取对数后可得:

$$N_{Rp0} = N_R+N_{p0} = \frac{2(A_2-A_1-\ln B_1)}{B_1-B_2} \tag{4.2-8}$$

将公式(4.1-2)和公式(4.1-4)的数值代入公式(4.2-8)可得:

$$N_{Rp0} = N_R+N_{p0} = 11397.06 \tag{4.2-9}$$

由于水油比波动往往较大,因此公式(4.1-3)计算的 B_2 和 A_2 值精度通常较低。为了提高精度,可以通过扩展的甲型水驱曲线来计算 A_1、B_1 和 A_2、B_2 值[3],更好的方法是通过甲乙型通式水驱曲线来计算 A_1、B_1 和 A_2、B_2 值,计算过程如下。

根据公式(4.1-6)可以计算出累积产水量和水油比,再通过线性回归(图4-4和图4-5)(与甲型水驱曲线的线性段相同)可以得到校正后的甲型水驱曲线参数。

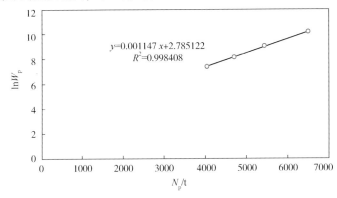

图4-4　甲型水驱曲线参数拟合(累积产水量对数表示)(小井距试验)

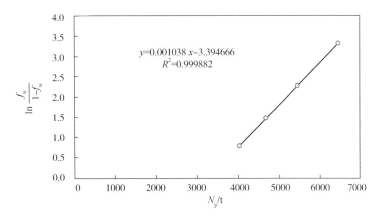

图 4-5　甲型水驱曲线参数拟合(水油比对数表示)(小井距试验)

$$A_1 = 2.785122$$
$$B_1 = 0.001147$$
$$A_2 = -3.394666 \tag{4.2-10}$$
$$B_2 = 0.001038$$

再把上面数值代入公式(4.2-8)可得:

$$N_{Rp0} = N_R + N_{p0} = 10808.11 \tag{4.2-11}$$

将公式(3.3-9)和公式(3.4-16)代入公式(4.2-11)可得:

$$N_{Rp0} = \left(2 - \frac{N_R - N_{pbt}}{N_R - f_{wf}N_{pbt}}\right)N_R \tag{4.2-12}$$

公式(4.2-12)整理后可得:

$$N_R^2 - (2f_{wf}N_{pbt} + N_{Rp0} - N_{pbt})N_R + f_{wf}N_{pbt}N_{Rp0} = 0 \tag{4.2-13}$$

这是一个一元二次方程,求解得到:

$$N_R = \frac{(2f_{wf}N_{pbt} + N_{Rp0} - N_{pbt}) + \sqrt{(2f_{wf}N_{pbt} + N_{Rp0} - N_{pbt})^2 - 4f_{wf}N_{pbt}N_{Rp0}}}{2} \tag{4.2-14}$$

把公式(4.1-18)的值代入公式(4.2-14)和公式(4.2-11)可得:

$$N_R = 9098.48$$
$$N_{p0} = 1709.63 \tag{4.2-15}$$

根据公式(3.3-9)可得:

$$w = \left(1 - \frac{N_{p0}}{N_R}\right) = 0.8121 \tag{4.2-16}$$

公式(3.3-19)两边取对数并整理后可得:

$$\ln W_p + \frac{1}{q}\ln(N_R - N_p) = \ln A^{\frac{1}{q}} + \frac{p}{q}\ln(N_p - N_{p0}) \tag{4.2-17}$$

将公式(4.2-15)的值代入公式(4.2-17)，待定 q 值，选取合适的线性段可以回归得到 p/q 和 A 值，直至计算累积产水量和实际累积产水量之差的平方和最小，此时的值为：

$$q = 0.6653$$

$$\frac{p}{q} = 2.5355 \tag{4.2-18}$$

$$A = 1.4298$$

拟合图如图4-6所示。

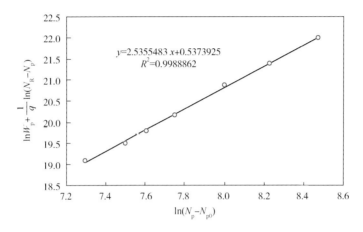

图4-6　近似理论水驱曲线参数解法(甲型出现线性段)(小井距试验)

4.2.2　无法求解 N_{Rp0} 时的近似理论水驱曲线参数求解方法

当累积产水量表示的甲型水驱曲线和水油比表示的甲型水驱曲线的斜率相等时或者甲乙型通式水驱曲线的 C 值为零时，即 $B_1 = B_2$ 时，就无法通过公式(4.2-8)求出 N_{Rp0}。此时，也就不适用用4.2.1节介绍的方法计算近似理论水驱曲线的各项参数。若 $B_1 = B_2$，那么满足如下关系：

$$p = 1 \tag{4.2-19}$$

将公式(4.2-19)代入公式(4.2-17)并整理后可得：

$$\ln W_p = \ln A^{\frac{1}{q}} + \frac{1}{q} \ln \frac{N_p - N_{p0}}{N_R - N_p} \tag{4.2-20}$$

将公式(3.4-16)代入公式(3.3-9)可得：

$$N_{p0} = \frac{(1 - f_{wf}) N_{pbt} N_R}{N_R - f_{wf} N_{pbt}} \tag{4.2-21}$$

将公式(4.2-21)代入公式(4.2-20)，然后待定 N_R，选取合适线性段可以回归求出 $1/q$

和 A 值，直至计算累积产水量和实际累积产水量之差的平方和最小，此时各项值为：

$$N_R = 11226.7$$

$$N_{p0} = 1553.5192$$

$$\frac{1}{q} = 2.5646 \tag{4.2-22}$$

$$A = 51.1198$$

拟合结果见图 4-7。

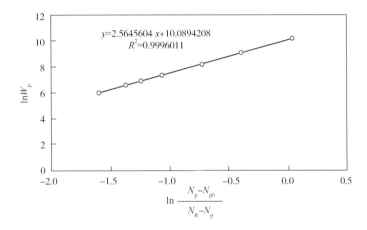

图 4-7　近似理论水驱曲线参数解法(小井距试验)

假设 $B_1 = B_2$ 就是假设 $p = 1$，若实际的 p 值高于 1，那么实际的 N_R 值要低于 $p = 1$ 时预测的 N_R 值。

4.2.3　甲型水驱曲线未出现线性段时的可动油储量预测

假设甲型水驱曲线还未出现理想的线性段，那么可以用甲乙型通式水驱曲线和最接近线性段的最大累积产油量进行预测。

甲乙型通式水驱曲线可以表示如下：

$$\ln(W_p + CN_p) = A + BN_p \tag{4.1-6}$$

由此可得：

$$\ln W_p = \ln(e^{A+BN_p} - CN_p) \tag{4.2-23}$$

$$\ln \frac{f_w}{1-f_w} = \ln(Be^{A+BN_p} - C) \tag{4.2-24}$$

假如最大累积产油量为 N_{pm}，那么：

$$B_1 = \frac{d\ln W_p}{dN_p} = \frac{Be^{A+BN_{pm}} - C}{e^{A+BN_{pm}} - CN_{pm}} \tag{4.2-25}$$

$$A_1 = \ln\left(e^{A+BN_{pm}} - CN_{pm}\right) - B_1 N_{pm} \tag{4.2-26}$$

$$B_2 = \frac{d\ln\frac{f_w}{1-f_w}}{dN_p} = \frac{B^2 e^{A+BN_{pm}}}{Be^{A+BN_{pm}} - C} \tag{4.2-27}$$

$$A_2 = \ln\left(Be^{A+BN_{pm}} - C\right) - B_2 N_{pm} \tag{4.2-28}$$

假如表 4-1 中动态数据仅生产到累积产油量为 4030.2t，此时理想线性段还未出现，可以通过甲乙型通式水驱曲线回归(图 4-8)得到如下关系:

$$\ln\left(W_p + 0.00296N_p\right) = 1.1292 + 0.001548N_p \tag{4.2-29}$$

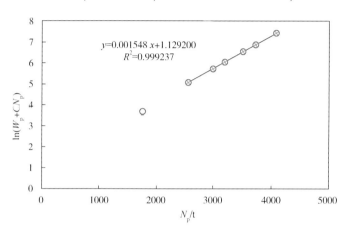

图 4-8　甲乙型通式水驱曲线参数拟合(小井距试验)

公式(4.2-29)的系数代入公式(4.2-25)～公式(4.2-28)可得:

$$
\begin{aligned}
B_1 &= 0.001557 \\
A_1 &= 1.0818 \\
B_2 &- 0.001549 \\
A_2 &= -5.3506
\end{aligned}
\tag{4.2-30}
$$

把公式(4.2-30)的值代入公式(4.2-8)可得:

$$N_{Rp0} = \frac{2(A_2 - A_1 - \ln B_1)}{B_1 - B_2} = 8060.40 \tag{4.2-31}$$

根据近似的无水采油量 940.65t，可以计算出可动油储量为 7119.75t。由于还未出现理想的线性段，因此预测的可动油储量通常偏低。

4.3　理论水驱曲线参数求解方法

通过近似理论水驱曲线求出可动油储量后，将其值代入理论水驱曲线就能得到理论水驱曲线的其他参数。根据近似理论水驱曲线，可以得到累积产液量和累积产油量的显式关系，但无法得到累积产油量和累积产液量的显式关系。借助理论水驱曲线，可以得到累积产油量和累积产液量的显式关系，这样更便于在产液结构的优化调整中进行应用。

理论水驱曲线表达式为：

$$N_p = N_R - \frac{A}{(L_p + C)^B} \tag{3.4-17}$$

或：

$$\frac{N_R - N_p}{1 - f_w} = \frac{L_p}{B} + \frac{C}{B} \tag{4.3-1}$$

4.3.1 基于实际动态数据的参数解法

在含水率稳定上升时，可以用实际数据和可动油储量(9098.48t)代入公式(4.3-1)，通过选择理想的线性段回归求出 B 和 C 值。再通过公式(3.4-23)得出 A 值，回归结果见图4-9。

其他各项参数如下：

$$B = 0.3739$$
$$C = -420.1741 \tag{4.3-2}$$
$$A = 126589.69$$

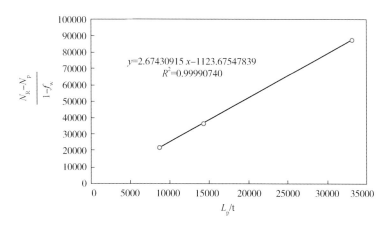

图4-9　含水率稳定条件下理论水驱曲线参数拟合(小井距试验)

假如含水率波动较大，那么上述方法得到的结果误差就大。若已出现多个数据点的累积产油量大于 N_{pbt}，就可通过如下待定参数的方法来求解。

公式(3.4-23)可以改写为:

$$\ln(N_R - N_p) = \ln A - B \ln(L_p + C) \tag{4.3-3}$$

这里可动油储量 N_R 为 9098.48t,待定参数 C 线性回归得到 A、B 值,使公式(3.4-38)计算累积产液量和实际累积产液量之差的平方和最小(图4-10)。此时各项参数为:

$$C = 1631.90$$
$$A = 217737.95 \tag{4.3-4}$$
$$B = 0.4230$$

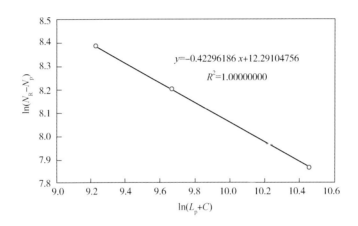

图4-10　含水率非稳定条件下理论水驱曲线参数拟合(小井距试验)

4.3.2　利用近似理论水驱曲线预测结果的参数解法

假如实际的累积产油量小于 N_{pbt} 或大于 N_{pbt} 的数据点较少,那么可以先通过近似理论水驱曲线预测累积产油量大于 N_{pbt} 时的累积产液量,再通过上小节介绍的方法拟合出理论水驱曲线的各项参数。

4.4　三种水驱曲线预测结果对比

上述三种方法根据累积产油量计算累积产液量结果对比如表4-2所示。三种方法预测的结果近似程度较好,从全过程看,近似理论水驱曲线预测精度最高。甲型水驱曲线只适用于中间阶段,理论水驱曲线适用于含水上升率处于凹形下降阶段,而近似理论水驱曲线适用范围比这两种水驱曲线更广。

表 4-2　三种方法预测结果对比　　　　　　（单位：t）

序号	实际 N_p	实际 L_p	甲型水驱曲线计算 L_p	近似理论水驱曲线计算 L_p	理论水驱曲线计算 L_p
1	1766.2	1801.4	1666.34	1766.27	1401.04
2	2601.7	2762.9	2658.11	2697.96	2405.34
3	2974.9	3287.4	3213.84	3230.14	3011.43
4	3187.8	3610.4	3579.93	3587.10	3416.62
5	3519.1	4215.6	4246.02	4246.28	4154.29
6	3726.2	4699.7	4739.10	4739.32	4695.59
7	4030.2	5599.8	5604.66	5608.93	5629.88
8	4702.5	8534.5	8424.28	8429.56	8534.50
9	5452.5	14189.5	14253.93	14156.60	14189.50
10	6481.2	33011.2	33006.11	32996.96	33011.20

4.5　小结

本章重点介绍了可动油储量的求解方法，可总结如下。

甲乙型通式水驱曲线近似估计可动油储量的方法和步骤

（1）通过实际动态数据，回归确定甲乙型通式水驱曲线的参数 A、B 和 C 值。

$$\ln(W_p + CN_p) = A + BN_p \tag{4.1-6}$$

（2）根据甲乙型通式水驱曲线可以计算水驱前缘突破时的累积产油量、含水率、递减率和 Welge 系数：

$$N_{pbt} = \frac{1}{B}\left[\ln\frac{1-C}{B} - A + \ln(2+\sqrt{3})\right] \tag{4.1-16}$$

$$f_{wf} = 1 - \frac{3-\sqrt{3}}{6(1-C)} \tag{4.1-17}$$

$$D_{lbt} = \frac{B}{6(1-C)} \tag{4.1-25}$$

$$w = 1 - \frac{1-C}{Be^{A+BN_{pbt}}} \tag{4.1-29}$$

（3）根据 Arps 递减理论可以求出含水上升率从凸形递减转为凹形递减时的剩余可动油储量：

$$N_R - N_{pbt} = \frac{1-f_{wf}}{D_{lbt}(1-w)} \tag{4.1-31}$$

（4）可动油储量计算公式：

$$N_{R} = N_{pbt} + \frac{3+\sqrt{3}}{B} \tag{4.1-32}$$

近似理论水驱曲线求解可动油储量的方法和步骤

（1）先计算可动油储量和无水采油量之和：

$$N_{Rp0} = N_{R} + N_{p0} = \frac{2(A_{2}-A_{1}-\ln B_{1})}{B_{1}-B_{2}} \tag{4.2-8}$$

（2）计算可动油储量：

$$N_{R} = \frac{(2f_{wf}N_{pbt}+N_{Rp0}-N_{pbt}) + \sqrt{(2f_{wf}N_{pbt}+N_{Rp0}-N_{pbt})^{2}-4f_{wf}N_{pbt}N_{Rp0}}}{2} \tag{4.2-14}$$

当甲乙型通式水驱曲线的 C 值为 0 时，即 $B_{1}=B_{2}$，那么无法用公式（4.2-8）求出可动油储量及无水采油量之和。此时可以根据如下公式通过待定方法求出可动油储量。

$$\ln W_{p} = \ln A^{\frac{1}{q}} + \frac{1}{q}\ln\frac{N_{p}-N_{p0}}{N_{R}-N_{p}} \tag{4.2-20}$$

其中：

$$N_{p0} = \frac{(1-f_{wf})N_{pbt}N_{R}}{N_{R}-f_{wf}N_{pbt}} \tag{4.2-21}$$

理论水驱曲线参数求解方法和步骤

先通过近似理论水驱曲线求出可动油储量 N_{R}。当实际累积产油量大于水驱前缘突破时的累积产油量的数据点数较多时，可以直接利用实际动态数据求出理论水驱曲线的其他参数。若实际累积产油量小于等于水驱前缘突破时的累积产油量或高于水驱前缘突破时的累积产油量的数据点较少，那么可以通过近似理论水驱曲线计算出累积产液量和累积产油量的关系，然后再确定理论水驱曲线的其他参数。

参 考 文 献

[1] 陈元千.实用油气藏工程方法[M].东营：石油大学出版社，1998.

[2] 张景存，颖五和.大庆油田小井距注水开发及提高采收率试验综述[J].大庆石油地质与开发，1992.11（2）：70-74.

[3] 张金庆.水驱曲线的进一步理论探讨及童氏图版的改进[J].中国海上油气，2019，31（1）：86-93.

5

应用探索

水驱油理论及水驱曲线在业内均已得到广泛应用，最常见的便是应用于水驱油田产量预测和可动油储量预测。本章将进一步探索水驱油理论及新型水驱曲线的一些新应用。内容包括：使用 Welge 方程确定残余油饱和度、利用含水率确定出口端含水饱和度、通过动态数据反求相对渗透率曲线、判断裂缝发育程度、评价提液增油效果、优化调整产液结构、探索气井的递减分析和垂向波及系数显式计算等。

5.1 使用 Welge 方程确定残余油饱和度

确定实验残余油饱和度的方法有三种：截断法、外推求解法和实验法[1]。本文以文献[2]的实验数据（表 5-1）为例，介绍一种新的外推求解法。

表 5-1　恒速水驱油实验数据[2]

序号	注入孔隙体积倍数 Q_i	平均含水饱和度 $\bar{S}_w$	出口端含水饱和度 S_{we}
1	0.000	0.450	0.350
2	0.100	0.450	0.350
3	0.225	0.575	0.511
4	0.300	0.593	0.534
5	0.600	0.627	0.580
6	1.000	0.643	0.617
7	2.500	0.664	0.646
8	5.000	0.675	0.664
9	10.000	0.681	0.676

根据公式：

$$\bar{S}_w = w S_{we} + (1-w)(1-S_{or}) \tag{1.5-13}$$

回归表 5-1 中序号 4~7 的数据点，可以得到斜率 w 和截距 $(1-w)(1-S_{or})$，见图 5-1。

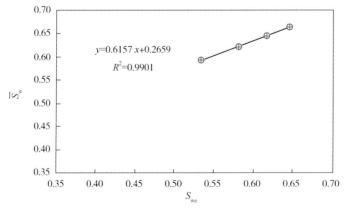

图中标注：$y = 0.6157\,x + 0.2659$，$R^2 = 0.9901$

图 5-1　平均含水饱和度和出口端含水饱和度的关系（4~7 数据点）

即：

$$\overline{S}_w = 0.6157 S_{we} + 0.2659 \tag{5.1-1}$$

当 S_{we} 趋于 $1-S_{or}$ 时，由公式（1.5-13）可得：

$$S_{or} = 1 - \frac{(1-w)(1-S_{or})}{1-w} = 1 - \frac{0.2659}{1-0.6157} = 0.3082 \tag{5.1-2}$$

再加上表 5-1 中序号为 8 和 9 的数据点回归（图 5-2），结果如下：

$$\overline{S}_w = 0.6124 S_{we} + 0.2678 \tag{5.1-3}$$

根据公式（5.1-2）可得：

$$S_{or} = 1 - \frac{(1-w)(1-S_{or})}{1-w} = 1 - \frac{0.2678}{1-0.6124} = 0.3091 \tag{5.1-4}$$

也就是说注入倍数在 2.5 倍时，就可以得到精度较高的残余油饱和度值。本方法计算结果与文献[2]方法计算的残余油饱和度 0.3130 相近。

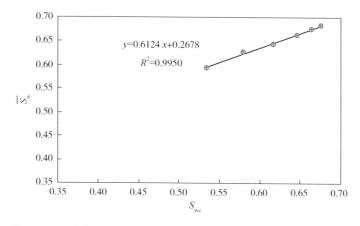

图 5-2 平均含水饱和度和出口端含水饱和度的关系（4~9 数据点）

不过在应用中需要注意，当水油流度比较大，即 Welge 系数较大时，用这种方法预测的残余油饱和度精度较低。这从图 1-2~图 1-4 也可以看出，随着水油流度比的增加，平均含水饱和度和出口端含水饱和度的线性相关系数在降低，但可以通过增加注入倍数降低预测误差。

5.2 利用含水率确定出口端含水饱和度

由公式（2.1-9）可知，已知水油流度比、水相指数和油相指数就可以计算出口端的标准化含水饱和度。再通过公式（1.2-5）计算出口端的实际含水饱和度。

仍以文献[2]的实验数据为例（表 5-2），说明利用含水率确定出口端含水饱和度的步骤和方法。M、n_w和n_o可以通过实际动态数据求出（见5.3节），为了简便这里直接用S_{wd}求解。

由表5-2可知：

$$S_{wdf} = 0.4777$$
$$f_{wf} = 0.709 \tag{5.2-1}$$

将公式(5.2-1)代入公式(1.4-12)可得：

$$3.4364 = n_w + 0.9146 n_o \tag{5.2-2}$$

即：

$$n_w = 3.4364 - 0.9146 n_o \tag{5.2-3}$$

对公式(1.3-20)两边取对数，然后将公式(5.2-3)代入可得：

$$\ln \frac{f_w}{1-f_w} - 3.4364 \ln S_{wd} = \ln M + n_o \ln \left[\frac{1}{S_{wd}^{0.9146}(1-S_{wd})} \right] \tag{5.2-4}$$

将表5-2的数据代入公式(5.2-4)并经线性回归后（图5-3）可得相关参数：

$$M = 3.8076$$
$$n_o = 1.6652 \tag{5.2-5}$$

把油相指数代入公式(5.2-3)可得水相指数：

$$n_w = 1.9134 \tag{5.2-6}$$

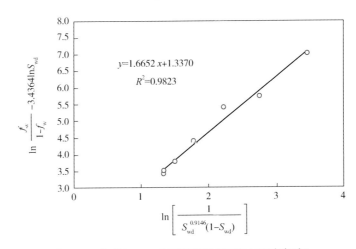

图5-3　公式(5.2-4)回归曲线(恒速水驱油实验)

再把相关参数代入如下公式就可以计算出不同含水率下的标准化含水饱和度(表5-2)。

$$S_{wd} = 1 - \frac{1}{\left[1 + 0.006738 \exp\left(\frac{3.5 n_w + 6.5 n_o}{n_w + n_o} \right) \left(\frac{1}{M} \frac{f_w}{1-f_w} \right)^{\frac{1.3 n_w + 0.7 n_o}{n_w(n_w + n_o)}} \right]^{\frac{n_w}{n_o}}} \tag{2.1-9}$$

表 5-2 恒速水驱油实验数据和反算饱和度数据对比

序号	N_p/mL	f_w	S_{we}	S_{wd}	反算 S_{wd}	相对误差/%
1	0.00	0.000	0.350	0.0000	0.0000	—
2	3.11	0.000	0.350	0.0000	0.0000	—
3	7.00	0.709	0.511	0.4777	0.4603	3.64
4	7.56	0.803	0.534	0.5460	0.5316	2.64
5	8.62	0.922	0.580	0.6825	0.6736	1.30
6	9.12	0.974	0.617	0.7923	0.7997	0.93
7	9.77	0.993	0.646	0.8783	0.8967	2.09
8	10.12	0.996	0.664	0.9318	0.9236	0.88
9	10.30	0.999	0.676	0.9674	0.9652	0.23
10	10.55	1.000	0.687	1.0000	1.0000	0

由表 5-2 可以看出反算的标准化含水饱和度和实测的标准化含水饱和度非常接近(相对误差<5%)。因此,可以根据这里介绍的方法通过井点的含水率反求出井底的含水饱和度。

5.3 基于动态数据反求相对渗透率曲线参数

以大庆小井距试验数据为例,说明相对渗透率曲线的参数解法。根据第 4 章近似理论水驱曲线参数解法,4.2.1 节得到的可动油储量和相关参数可以反求相对渗透率曲线参数。

由 4.2.1 节的计算结果:

$$N_R = 9098.48$$

$$N_{p0} = 1709.63$$

$$\frac{p}{q} = 2.5355$$

$$\frac{1}{q} = 1.5031 \tag{5.3-1}$$

$$A^{\frac{1}{q}} = 1.7115$$

根据公式(3.3-19)和公式(3.3-20)可以计算累积产油量在 $N_{p0} + 0.4(N_R - N_{p0}) \sim N_{p0} + 0.6(N_R - N_{p0})$,即 4665.17~6142.94 范围内的累积产水量对数值和水油比对数值(表 5-3)。

表 5-3 近似理论水驱曲线计算结果(小井距试验)

N_p/t	$\ln W_p$	$\ln[f_w/(1-f_w)]$
4665.17	8.1788	1.4509
5034.61	8.6083	1.8249
5404.05	9.0187	2.2000
5773.50	9.4187	2.5842
6142.94	9.8164	2.9860

根据公式:

$$\frac{f_w}{1-f_w} = \frac{MS_{wd}^{n_w}}{(1-S_{wd})^{n_o}} \qquad (1.3-20)$$

将公式(2.1-4)和公式(3.3-9)代入公式(1.3-20)并整理后可得:

$$\frac{f_w}{1-f_w} = M(N_R-N_{p0})^{n_o-n_w}\frac{(N_p-N_{p0})^{n_w}}{(N_R-N_p)^{n_o}} \qquad (5.3-2)$$

两边取对数并整理后可得:

$$\frac{\ln\dfrac{f_w}{1-f_w}-\ln M}{\ln\dfrac{N_p-N_{p0}}{N_R-N_{p0}}} = n_w + n_o\frac{\ln\dfrac{N_R-N_{p0}}{N_R-N_p}}{\ln\dfrac{N_p-N_{p0}}{N_R-N_{p0}}} \qquad (5.3-3)$$

根据公式(3.3-8)和公式(3.3-9)可得:

$$M = A^{\frac{1}{q}}\frac{p}{q}(N_R-N_{p0})^{\frac{p}{q}-\frac{1}{q}-1} \qquad (5.3-4)$$

代入各项参数后可得 $M=6.7951$。

根据表 5-3 的数据,利用公式(5.3-3)进行线性回归。首先把 $M=6.7951$ 作为初值,然后改变 M 值使公式(5.3-3)的线性相关系数最大(图 5-4)。此时的 M 值为 4.80。相对渗透率曲线指数为:

$$n_w = 1.4374$$
$$n_o = 2.3482 \qquad (5.3-5)$$

当然,还可以用更简单的办法求解,将式(5.3-1)中 p/q 和 $1/q$ 值及式(4.2-10)中 B_1 和 B_2 值代入公式(3.3-31)和公式(3.3-32)可得如下值:

$$n_w = 1.5355$$
$$n_o = 2.1193 \qquad (5.3-6)$$

这种方法得到的水相指数和油相指数的值与拟合得到的结果相近。水油流度比直接可以用公式(5.3-4)计算的结果,即 $M=6.7951$。

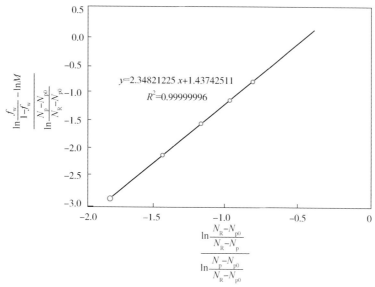

图 5-4 基于动态数据求解相对渗透率曲线参数拟合(小井距试验)

5.4 利用生产动态数据判断裂缝发育程度

流花 11-1 油田是一个裂缝型礁灰岩油田，表 5-4 是该油田某一口井的生产动态数据。从生产数据看，生产井初期就产水($N_{p0} = 0$)，并且含水上升快。该井是否钻遇裂缝，可以根据如下方法进行判断。

表 5-4 流花 11-1 油田某生产井生产动态数据

序 号	$N_p/10^4\,\mathrm{m}^3$	$W_p/10^4\,\mathrm{m}^3$	$L_p/10^4\,\mathrm{m}^3$	f_w
1	0.11	0.13	0.24	0.5400
2	5.25	16.94	22.19	0.8252
3	8.63	44.95	53.58	0.9202
4	10.68	72.83	83.52	0.9358
5	12.51	105.31	117.83	0.9498
6	14.16	135.04	149.20	0.9469
7	16.04	173.35	189.39	0.9621
8	17.42	213.14	230.57	0.9656
9	18.92	250.86	269.78	0.9601
10	20.52	289.53	310.04	0.9650

先画出累积产水量的对数值和累积产油量的关系，然后选取线性段进行回归，得到甲型水驱曲线(图 5-5)。

从整体上看已经出现了线性段。由于用甲乙型通式水驱曲线难以改善线性关系，这里利用扩展的甲型水驱曲线来改善线性关系。

通过改变待定 C 值使扩展甲型水驱曲线预测累积产水量和实际累积产水量之差的平方和最小。扩展甲型水驱曲线如图 5-6。

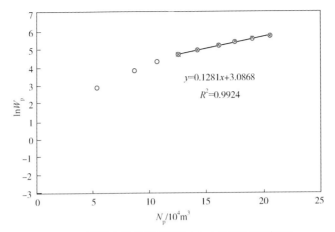

图 5-5 甲型水驱曲线（流花 11-1 油田某生产井）

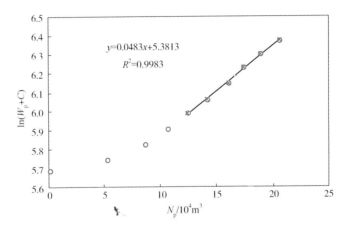

图 5-6 扩展甲型水驱曲线（流花 11-1 油田某生产井）

$$\ln(W_p + 294.2) = 5.3813 + 0.04832N_p \tag{5.4-1}$$

由此可得校正后的甲型水驱曲线（图 5-7）的表达式：

$$\ln W_p = 3.0812 + 0.1284N_p$$

$$\ln \frac{f_w}{1 - f_w} = 2.3513 + 0.04832N_p \tag{5.4-2}$$

由公式（4.2-8）可以计算出：

$$N_{Rp0} = N_R = 33.0421 \tag{5.4-3}$$

再根据近似理论水驱曲线可以得到相关参数：

$$\frac{p}{q} = 2.0780$$

$$\frac{1}{q} = 0.001 \tag{5.4-4}$$

$$A^{\frac{1}{q}} = 0.5522$$

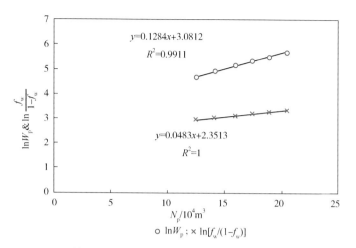

图 5-7　校正后的甲型水驱曲线（流花 11-1 油田某生产井）

　　近似理论水驱曲线关系如图（5-8）所示。由公式（3.3-31）可计算得到 $n_w = 1.0780$。虽然水相指数接近于 1，但还是无法判断是否存在裂缝。

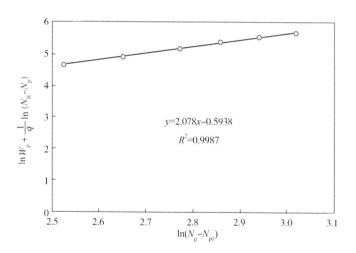

图 5-8　近似理论水驱曲线（流花 11-1 油田某生产井）

　　水相指数和油相指数均为 1 时就认为具有裂缝渗流特征。由公式（3.1-4）可以得到裂缝渗流水驱曲线：

$$\ln\left(1 - \frac{N_p}{N_R}\right) + \frac{N_p}{N_R - N_{p0}} = -\frac{1}{(N_R - N_{p0})M}W_p + \frac{1}{w} - 1 - \ln\frac{1}{w} \qquad (5.4-5)$$

或改写为：

$$\ln\left(1 - \frac{N_p}{N_R}\right) + \frac{N_p}{N_R - N_{p0}} = A + BW_p \qquad (5.4-6)$$

把表 5-4 的数据点代入公式（5.4-6）可以绘出关系式（图 5-9）。

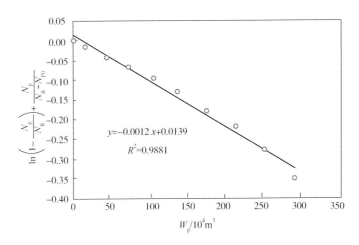

图 5-9　裂缝理论水驱曲线(流花 11-1 油田某生产井)

由图 5-9 可见，线性关系较好。因此可以认为这口井存在裂缝的可能性比较大。

5.5　提液增油效果评价

提液不仅能延缓产量递减，还有可能增加可动油储量。通过对比提液前后可动油储量的增减，可用于评价提液增油措施的效果。

表 5-5 是番禺 5-1 油田某水平井的生产动态数据。由表 5-5 可见，该井从 2012 年 6 月后开始进行提液生产。2012 年 7 月至 2015 年 12 月底累积产液 252.29×10⁴m³，而此前的 3 年半，即 2009 年 1 月至 2012 年 6 月底，累积产液量为 197.12 × 10⁴m³，提液幅度为 27.99%。

先绘出甲型水驱曲线(图 5-10)。由图 5-10 可见，甲型水驱曲线在提液前已经出现线性段，提液后也出现线性段，但斜率有所降低。

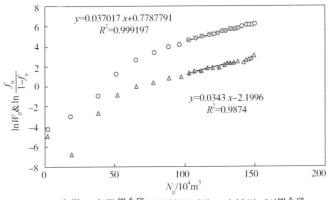

$\bigcirc \ln W_{\mathrm{p}}$；$\times \ln W_{\mathrm{p}}$拟合段；$\triangle \ln [f_{\mathrm{w}}/(1-f_{\mathrm{w}})]$；　$+\ln [f_{\mathrm{w}}/(1-f_{\mathrm{w}})]$拟合段

图 5-10　甲型水驱曲线(番禺 5-1 油田某生产井)

表 5-5 番禺 5-1 油田某水平井生产动态数据

时　　间	$N_p/10^4\mathrm{m}^3$	$W_p/10^4\mathrm{m}^3$	$L_p/10^4\mathrm{m}^3$	阶段产液量/$10^4\mathrm{m}^3$	f_w
2004 年 06 月	1.79	0.01	1.81	1.81	0.0077
2004 年 12 月	19.13	0.05	19.18	17.37	0.0012
2005 年 06 月	38.57	0.43	39.00	19.82	0.0695
2005 年 12 月	51.36	3.71	55.07	16.07	0.2912
2006 年 06 月	65.22	12.90	78.12	23.06	0.4906
2006 年 12 月	78.30	29.35	107.65	29.53	0.6187
2007 年 06 月	88.53	48.93	137.46	29.80	0.6926
2007 年 12 月	97.27	70.94	168.21	30.75	0.7336
2008 年 06 月	102.81	95.81	198.62	30.42	0.7969
2008 年 12 月	107.53	118.46	225.99	27.37	0.8108
2009 年 06 月	112.74	142.82	255.56	29.57	0.8387
2009 年 12 月	117.07	167.04	284.12	28.55	0.8651
2010 年 06 月	120.98	192.60	313.59	29.47	0.8705
2010 年 12 月	124.31	216.88	341.19	27.60	0.8825
2011 年 06 月	127.34	241.86	369.20	28.02	0.8960
2011 年 12 月	129.67	263.81	393.48	24.28	0.9091
2012 年 06 月	132.30	290.82	423.11	29.63	0.9126
2012 年 12 月	135.57	326.85	462.42	39.31	0.9252
2013 年 06 月	138.46	363.13	501.59	39.16	0.9316
2013 年 12 月	141.44	398.51	539.95	38.36	0.9196
2014 年 06 月	144.13	431.75	575.88	35.93	0.9387
2014 年 12 月	146.18	464.71	610.89	35.01	0.9416
2015 年 06 月	147.97	495.28	643.25	32.37	0.9469
2015 年 12 月	149.54	525.87	675.40	32.15	0.9594

再预测提液前的可动油储量。待定甲乙型通式水驱曲线的 C 值，使预测累积产水量和实际累积产水量之差的平方和最小（图 5-11），此时甲乙型通式水驱曲线为：

$$\ln(W_p + 0.239N_p) = 1.4182 + 0.03292N_p \tag{5.5-1}$$

根据公式（5.5-1）可以得到校正后的甲型水驱曲线（图 5-12），其表达式为：

$$\ln W_p = 0.7802 + 0.03701N_p$$

$$\ln\frac{f_w}{1-f_w} = -2.1860 + 0.03421N_p \tag{5.5-2}$$

由此可以计算出：

$$N_{Rp0} = 236.2483$$
$$N_R = 197.5497 \tag{5.5-3}$$

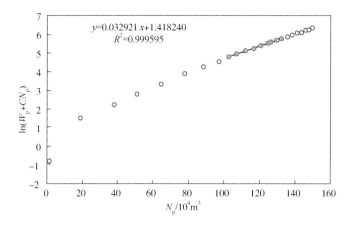

图 5-11　提液前甲乙型通式水驱曲线(番禺 5-1 油田某生产井)

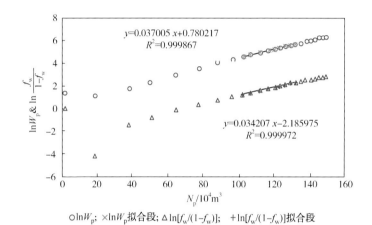

$\circ \ln W_{\mathrm{p}}$; $\times \ln W_{\mathrm{p}}$拟合段; $\triangle \ln[f_{\mathrm{w}}/(1-f_{\mathrm{w}})]$; $+\ln[f_{\mathrm{w}}/(1-f_{\mathrm{w}})]$拟合段

图 5-12　校正后的提液前甲型水驱曲线(番禺 5-1 油田某生产井)

最后合并提液前和提液后的数据来预测提液后的可动油储量。用甲乙型通式水驱曲线进行拟合，可以得到如图 5-13 的效果，线性关系很好。水驱曲线表达式为：

$$\ln(W_{\mathrm{p}} + 0.426N_{\mathrm{p}}) = 1.8016 + 0.03058N_{\mathrm{p}} \qquad (5.5\text{-}4)$$

由此可得校正后的甲型水驱曲线(图 5-14)，其表达式为：

$$\ln W_{\mathrm{p}} = 0.9152 + 0.03585N_{\mathrm{p}}$$

$$\ln \frac{f_{\mathrm{w}}}{1 - f_{\mathrm{w}}} = -1.9437 + 0.03219N_{\mathrm{p}} \qquad (5.5\text{-}5)$$

根据公式(5.5-4)和公式(5.5-5)可以得到如下参数：

$$N_{\mathrm{Rp0}} = 256.1455$$

$$N_{\mathrm{R}} = 217.7631 \qquad (5.5\text{-}6)$$

由此可见，通过提液可动油储量从 $197.5497 \times 10^4 \mathrm{m}^3$ 上升到 $217.7631 \times 10^4 \mathrm{m}^3$，增加了 $20.2134 \times 10^4 \mathrm{m}^3$，提液增油效果是很明显的。

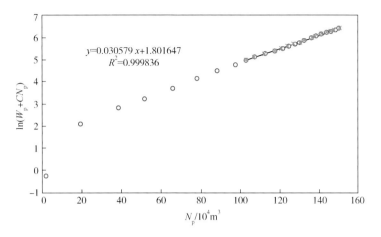

图 5-13 甲乙型通式水驱曲线(番禺 5-1 油田某生产井)

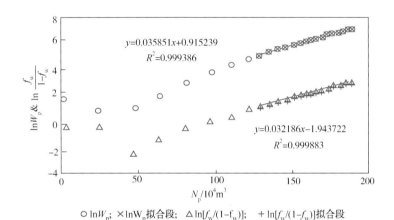

○ $\ln W_p$; ×$\ln W_p$拟合段; △$\ln[f_w/(1-f_w)]$; +$\ln[f_w/(1-f_w)]$拟合段

图 5-14 校正后的甲型水驱曲线(番禺 5-1 油田某生产井)

5.6 产液结构优化调整

油田生产到高含水期或特高含水期，液处理能力有可能受到限制，扩容改造产出液处理设施能力是一种解决方案。扩容改造需要增加投资，但增加的收益不一定能弥补增加的投入。在这一情况下，产液结构优化调整增加产量理应成为优先考虑的选择。

为了简化，以三口含水率接近的油井 W1、W2、W3 为例说明如何通过产液结构优化调整达到提高产量的目的。表 5-6、表 5-7 和表 5-8 是三口井的生产动态数据。

根据生产动态数据可以绘出三口井的甲型水驱曲线，见图 5-15～图 5-17。很明显这三口井均已出现线性段，第二口生产井 W2 已经出现上翘。

表 5-6　W1 生产井生产动态数据

时　间	$N_p/10^4\text{m}^3$	$W_p/10^4\text{m}^3$	$L_p/10^4\text{m}^3$	年产液量/10^4m^3	f_w
2003 年 12 月	1.64	0.01	1.65	1.65	0.0083
2004 年 12 月	42.71	31.16	73.87	72.22	0.4775
2005 年 12 月	56.18	67.73	123.91	50.04	0.7345
2006 年 12 月	62.76	98.61	161.37	37.46	0.8439
2007 年 12 月	72.50	161.05	233.55	72.18	0.8539
2008 年 12 月	81.67	227.02	308.69	75.14	0.8739
2009 年 12 月	89.07	301.97	391.04	82.35	0.9001
2010 年 12 月	97.08	397.14	494.22	103.17	0.9208
2011 年 12 月	103.37	491.32	594.69	100.47	0.9309
2012 年 12 月	108.52	590.28	698.80	104.11	0.9428
2013 年 12 月	113.12	698.15	811.27	112.47	0.9574
2014 年 12 月	117.36	807.60	924.97	113.70	0.9623
2015 年 12 月	121.01	916.50	1037.51	112.54	0.9679

表 5-7　W2 生产井生产动态数据

时　间	$N_p/10^4\text{m}^3$	$W_p/10^4\text{m}^3$	$L_p/10^4\text{m}^3$	年产液量/10^4m^3	f_w
2004 年 06 月	14.38	0.09	14.46	14.46	0.0063
2004 年 12 月	36.19	6.15	42.34	27.88	0.3616
2005 年 12 月	65.06	44.80	109.86	67.52	0.6145
2006 年 12 月	87.07	99.60	186.66	76.80	0.7485
2007 年 12 月	104.64	166.83	271.47	84.80	0.8012
2008 年 12 月	115.93	241.24	357.18	85.71	0.8860
2009 年 12 月	125.35	318.45	443.80	86.62	0.9083
2010 年 12 月	133.60	403.92	537.51	93.71	0.9263
2011 年 12 月	139.48	488.61	628.10	90.58	0.9449
2012 年 12 月	143.78	578.91	722.69	94.59	0.9628
2013 年 12 月	147.56	679.93	827.49	104.80	0.9618
2014 年 12 月	151.05	777.55	928.60	101.11	0.9659
2015 年 12 月	153.66	876.69	1030.34	101.74	0.9770

表 5-8 W3 生产井生产动态数据

时 间	$N_p/10^4 m^3$	$W_p/10^4 m^3$	$L_p/10^4 m^3$	年产液量/$10^4 m^3$	f_w
2004 年 12 月	14.25	0.05	14.30	14.30	0.0010
2005 年 12 月	47.26	3.27	50.53	36.23	0.2159
2006 年 12 月	75.98	30.83	106.81	56.28	0.6425
2007 年 12 月	92.79	87.37	180.15	73.34	0.8367
2008 年 12 月	101.53	145.83	247.35	67.20	0.8908
2009 年 12 月	106.55	201.21	307.76	60.40	0.9461
2010 年 12 月	112.38	269.10	381.48	73.72	0.9393
2011 年 12 月	116.82	336.46	453.28	71.80	0.9473
2012 年 12 月	120.29	405.20	525.49	72.21	0.9654
2013 年 12 月	123.12	483.63	606.74	81.25	0.9612
2014 年 12 月	125.97	563.81	689.78	83.04	0.9672
2015 年 12 月	128.23	644.24	772.47	82.69	0.9746

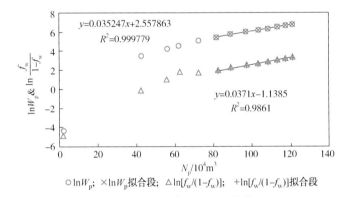

图 5-15　W1 井甲型水驱曲线

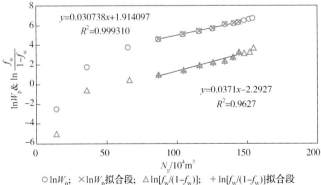

图 5-16　W2 井甲型水驱曲线

这三口井的含水率波动都比较大，水油比对数表示的甲型水驱曲线的相关系数也比较低。可以通过甲乙型通式水驱曲线来解决这一问题。

通过改变待定 C 值，使线性回归段的数据点预测累积产水量和实际累积产水量之差的

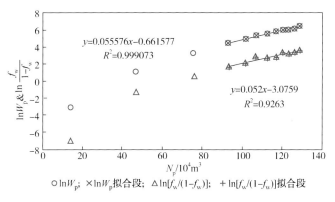

图 5-17 W3 井甲型水驱曲线

平方和最小（图 5-18~图 5-20）。W1、W2 和 W3 三口井的甲乙型通式水驱曲线分别可以表示如下：

$$\ln(W_p + 0.167 N_p) = 2.6878 + 0.03434 N_p \qquad (5.6-1)$$

$$\ln(W_p - 0.345 N_p) = 1.1749 + 0.03536 N_p \qquad (5.6-2)$$

$$\ln(W_p + 0.012 N_p) = -0.6253 + 0.05531 N_p \qquad (5.6-3)$$

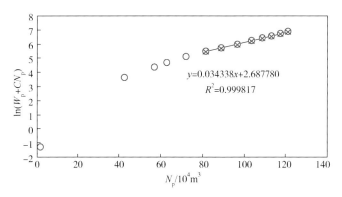

图 5-18 W1 井甲乙型通式水驱曲线

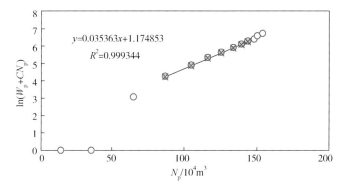

图 5-19 W2 井甲乙型通式水驱曲线

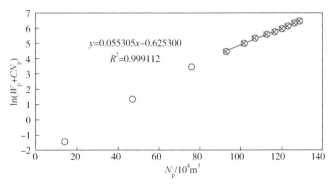

图 5-20 W3 井甲乙型通式水驱曲线

根据甲乙型通式水驱曲线可得校正后的甲型水驱曲线(图 5-21~图 5-23)。W1、W2 和 W3 三口井校正后的甲型水驱曲线可以表述如下：

$$\ln W_p = 2.5580 + 0.03525 N_p$$

$$\ln \frac{f_w}{1 - f_w} = -0.7328 + 0.03471 N_p \tag{5.6-4}$$

$$\ln W_p = 1.9107 + 0.03077 N_p$$

$$\ln \frac{f_w}{1 - f_w} = -1.8886 + 0.03348 N_p \tag{5.6-5}$$

$$\ln W_p = -0.6645 + 0.05560 N_p$$

$$\ln \frac{f_w}{1 - f_w} = -3.5281 + 0.05537 N_p \tag{5.6-6}$$

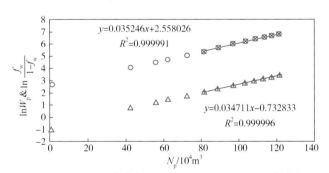

○$\ln W_p$；×$\ln W_p$拟合段；△$\ln[f_w/(1-f_w)]$；+$\ln[f_w/(1-f_w)]$拟合段

图 5-21 W1 井校正后的甲型水驱曲线

根据公式(5.6-4)~公式(5.6-6)可以得到 W1、W2 和 W3 三口井的 N_{Rp0} 值：

$$N_{Rp0} = 203.9342 \tag{5.6-7}$$

$$N_{Rp0} = 234.0947 \tag{5.6-8}$$

$$N_{Rp0} = 218.4281 \tag{5.6-9}$$

根据公式(5.6-1)~公式(5.6-3)可以得到 W1、W2 和 W3 三口井水驱前缘突破时的累积产油量和含水率：

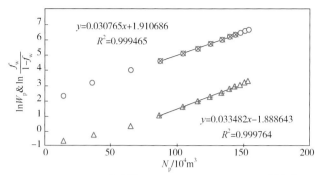

○ $\ln W_p$; × $\ln W_p$ 拟合段; △ $\ln[f_w/(1-f_w)]$; ＋ $\ln[f_w/(1-f_w)]$ 拟合段

图 5-22 W2 井校正后的甲型水驱曲线

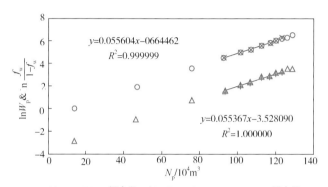

○ $\ln W_p$; × $\ln W_p$ 拟合段; △ $\ln[f_w/(1-f_w)]$; ＋ $\ln[f_w/(1-f_w)]$ 拟合段

图 5-23 W3 井校正后的甲型水驱曲线

$$N_{pbt} = 52.9422$$
$$f_{wf} = 0.7463 \tag{5.6-10}$$

$$N_{pbt} = 106.9093$$
$$f_{wf} = 0.8429 \tag{5.6-11}$$

$$N_{pbt} = 87.2451$$
$$f_{wf} = 0.7861 \tag{5.6-12}$$

通过公式（4.2-14）可以计算出 W1、W2 和 W3 三口井的可动油储量：

$$N_R = 186.9028 \tag{5.6-13}$$

$$N_R = 204.0074 \tag{5.6-14}$$

$$N_R = 189.1519 \tag{5.6-15}$$

算得可动油储量后，便可通过理论水驱曲线改变待定 C 值，求出理论水驱曲线的各项参数（图 5-24～图 5-26）。W1、W2 和 W3 三口井的理论水驱曲线可以分别表示如下：

$$N_p = 186.9028 - \frac{4647.675}{(L_p + 295.9)^{0.5914}} \tag{5.6-16}$$

$$N_p = 204.0074 - \frac{1226.114}{(L_p - 71.1)^{0.4650}} \tag{5.6-17}$$

$$N_{\mathrm{p}} = 189.1519 - \frac{446.9994}{(L_{\mathrm{p}} - 39.6)^{0.3021}} \qquad (5.6-18)$$

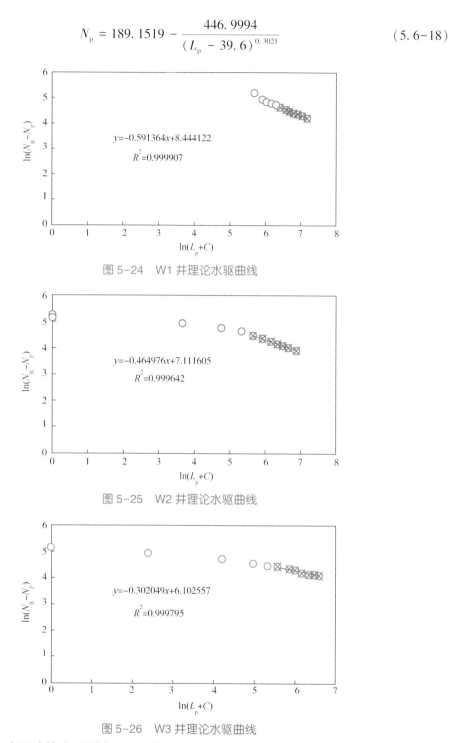

图 5-24 W1 井理论水驱曲线

图 5-25 W2 井理论水驱曲线

图 5-26 W3 井理论水驱曲线

　　根据上述公式可计算出不同产液量下的产油量。表 5-9 是三口井最后 3 年的实际年产液量、实际累积产液量和预测的累积产油量。对比发现预测累积产油量和实际累积产油量非常接近。

表5-9　根据累积产液量预测的累积产油量　　　　　　（单位：$10^4 m^3$）

年份 井名	产量	2013 年	2014 年	2015 年
W1	年产液量	112.47	113.70	112.54
	累积产液量	811.27	924.97	1037.51
	预测累积产油量	113.28	117.42	120.95
W2	年产液量	104.80	101.11	101.74
	累积产液量	827.49	928.60	1030.34
	预测累积产油量	147.78	150.96	153.66
W3	年产液量	81.25	83.04	82.69
	累积产液量	606.74	689.78	772.47
	预测累积产油量	123.30	125.96	128.21
合计	年产液量	298.52	297.85	296.98
	累积产液量	2245.50	2543.35	2840.32
	预测累积产油量	384.36	394.34	402.81

假设每口井的提液幅度不超过 30%，在相同总产液量条件下，控制不同井的产液量，每年的产油量都可以增加。具体产量见表 5-10。若每口井的年产液量维持不变，那么 2015 年末三口井的累积产油量为 $402.81 \times 10^4 m^3$。若优化产液结构，那么 2015 年末的累积产油量可以达到 $403 \times 10^4 m^3$，在总产液量不变的情况下，增加产量 $0.1910 \times 10^4 m^3$（表 5-10）。

表5-10　累积产油量预测结果（优化后）　　　　　　（单位：$10^4 m^3$）

年份 井名	产量	2013 年	2014 年	2015 年
W1	年产液量	135.34	173.24	195.76
	累积产液量	834.14	984.51	1120.72
	预测累积产油量	114.17	119.35	123.27
W2	年产液量	72.84	65.55	48.51
	累积产液量	795.53	893.04	977.11
	预测累积产油量	146.64	149.91	152.30
W3	年产液量	90.34	59.06	52.71
	累积产液量	615.83	665.80	742.49
	预测累积产油量	123.62	125.24	127.43
合计	年产液量	298.52	297.85	296.98
	累积产液量	2245.50	2543.35	2840.32
	预测累积产油量	384.42	394.50	403.00

5.7 水驱曲线方法用于气井的递减分析探讨

水驱曲线的参数解法可以用于递减分析，以文献[3]中例子16-3来说明如何将水驱曲线的参数解法用于气井的递减分析。表5-11中的前4列来自文献[3]。假如是稳产，那么日产气量是不变的，假定日产气量始终以初期的10MMscf保持生产，那么得到累积产气量减去实际的累积产气量可等效于水驱油田在定液生产制度下的累积产水量，这里称为累积递减产气量。

表 5-11 某气井的生产动态数据

日期	时间 t	日产气量 q_t	实际累积产气量 G_p	累积递减产气量 EG_p	预测累积产气量
	年	MMscf/d	Bcf	Bcf	Bcf
1979-1-1	0.0	10	0	0	0.0000
1979-7-1	0.5	8.4	1.67	0.155	1.6645
1980-1-1	1.0	7.12	3.08	0.57	3.0813
1980-7-1	1.5	6.16	4.3	1.175	4.2984
1981-1-1	2.0	5.36	5.35	1.95	5.3525
1981-7-1	2.5	4.72	6.27	2.855	6.2721
1982-1-1	3.0	4.18	7.08	3.87	7.0798
1982-7-1	3.5	3.72	7.78	4.995	7.7935
1983-1-1	4.0	3.36	8.44	6.16	8.4275

先绘制累积递减产量的对数值和累积产气量的关系(图5-27)。由图5-28可见，甲型水驱曲线的斜率在逐渐降低，因此，还未完全形成理想的线性段，可采用未出现线性段的解法来求解。

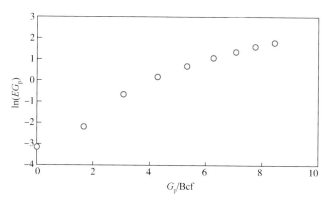

图 5-27 某气井等效甲型水驱曲线

这口气井投产就开始递减，因此可以用扩展的乙型曲线来拟合。这里把时间等效为累积产液量：

$$\ln(t + C) = A + BG_{\mathrm{p}} \tag{5.7-1}$$

通过改变待定 C 值，使预测时间值和实际时间值之差的平方和最小。此时的乙型水驱曲线见图5-28。

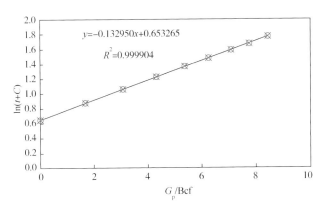

图5-28　某气井等效乙型水驱曲线

关系式如下：

$$\ln(t + 1.91) = 0.6533 + 0.1330G_{\mathrm{p}} \tag{5.7-2}$$

时间和累积递减产气量的关系式：

$$G_{\mathrm{p}} + EG_{\mathrm{p}} = \frac{365t \times 10}{1000} \tag{5.7-3}$$

即：

$$t = \frac{EG_{\mathrm{p}} + G_{\mathrm{p}}}{3.65} \tag{5.7-4}$$

将公式(5.7-4)代入公式(5.7-2)可得：

$$\ln\left(\frac{EG_{\mathrm{p}} + G_{\mathrm{p}}}{3.65} + 1.91\right) = 0.6533 + 0.1330G_{\mathrm{p}} \tag{5.7-5}$$

由此可得：

$$\ln(EG_{\mathrm{p}}) = \ln\left[3.65(\mathrm{e}^{0.6533 + 0.1330G_{\mathrm{p}}} - 1.91) - G_{\mathrm{p}}\right] \tag{5.7-6}$$

$$\ln\left(\frac{\mathrm{d}EG_{\mathrm{p}}}{\mathrm{d}G_{\mathrm{p}}}\right) = \ln(0.4853\mathrm{e}^{0.6533 + 0.1330G_{\mathrm{p}}} - 1) \tag{5.7-7}$$

根据公式(4.2-25)~公式(4.2-28)可得：

$$B_1 = \frac{\mathrm{d}\ln(EG_{\mathrm{p}})}{\mathrm{d}G_{\mathrm{p}}} = \frac{0.4853\mathrm{e}^{0.6533 + 0.1330G_{\mathrm{pm}}} - 1}{3.65(\mathrm{e}^{0.6533 + 0.1330G_{\mathrm{pm}}} - 1.91) - G_{\mathrm{pm}}} \tag{5.7-8}$$

$$A_1 = \ln\left[3.65(\mathrm{e}^{0.6533 + 0.1330G_{\mathrm{pm}}} - 1.91) - G_{\mathrm{pm}}\right] - B_1 G_{\mathrm{pm}} \tag{5.7-9}$$

$$B_2 = \frac{\ln\left(\dfrac{\mathrm{d}EG_{\mathrm{p}}}{\mathrm{d}G_{\mathrm{p}}}\right)}{\mathrm{d}G_{\mathrm{p}}} = \frac{0.06452\mathrm{e}^{0.6533 + 0.1330G_{\mathrm{pm}}}}{0.4853\mathrm{e}^{0.6533 + 0.1330G_{\mathrm{pm}}} - 1} \tag{5.7-10}$$

$$A_2 = \ln(0.4853\mathrm{e}^{0.6533 + 0.1330G_{\mathrm{pm}}} - 1) - B_2 G_{\mathrm{pm}} \tag{5.7-11}$$

将表5-11中最后一行的实际累积产气量代入公式(5.7-8)~公式(5.7-11)可得:

$$B_1 = 0.3040$$
$$A_1 = -0.7522$$
$$B_2 = 0.2043 \tag{5.7-12}$$
$$A_2 = -1.1012$$

把上面的值代入公式(4.2-8)可得:

$$G_{Rp0} = 16.8800 \tag{5.7-13}$$

由于投产即递减,因此可以认为:

$$G_{p0} = 0 \tag{5.7-14}$$

即:

$$G_R = 16.8800 \tag{5.7-15}$$

得到了可动气储量后就可以通过理论水驱曲线计算相关参数。

根据理论水驱曲线可得:

$$\ln(G_R - G_p) = \ln A - B\ln(t + D) \tag{5.7-16}$$

待定D,使之满足:

$$D = \left(\frac{A}{G_R}\right)^{\frac{1}{B}} \tag{5.7-17}$$

此时的水驱曲线(图5-29)关系式为:

$$\ln(16.8800 - G_p) = 6.2556 - 1.6700\ln(t + 7.7956) \tag{5.7-18}$$

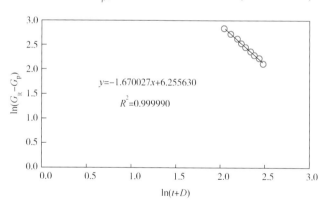

$$y = -1.670027x + 6.255630$$
$$R^2 = 0.999990$$

图5-29 某气井等效理论水驱曲线

公式(5.7-18)可以变形为:

$$G_p = 16.8800\left(1 - \frac{1}{(1 + 0.3745 \times 0.3425t)^{\frac{1}{0.3745} - 1}}\right) \tag{5.7-19}$$

由此可见:

$$n = 0.3745$$
$$D_i = 0.3425 \tag{5.7-20}$$

文献[3]中的值为：

$$n = 0.5195$$
$$D_i = 0.3668 \tag{5.7-21}$$

这里得到的递减率和递减指数均小于文献[3]中的值。本书预测的累积产气量结果见表5-11，预测精度比文献[3]的略高。

5.8 垂向波及系数的显式算法

垂向波及系数的表达式[3,4]：

$$Y = b_1 E_Z^{b_2} (1 - E_Z)^{b_3} \tag{5.8-1}$$

其中：

$$Y = \frac{(F_{ow} + 0.4)(18.948 - 2.499 V_K)}{(M + 1.137 - 0.8094 V_K) \, 10^{f(V_K)}} \tag{5.8-2}$$

$$f(V_K) = -0.6891 + 0.9735 V_K + 1.6453 V_K^2 \tag{5.8-3}$$

$$M = \frac{K_{rw}(S_{or})/\mu_w}{K_{ro}(S_{wi})/\mu_o} \tag{5.8-4}$$

式中　$b_1 = 3.334088568$，$b_2 = 0.7737348199$，$b_3 = -1.225859406$；

E_Z——垂向波及系数；

F_{ow}——水油比；

V_K——变异系数；

M——水油流度比。

适用范围：$0 \leqslant M \leqslant 10$ 和 $0.3 \leqslant V_K \leqslant 0.8$。

公式(5.8-1)可以改写为：

$$\frac{Y}{b_1} = \frac{E_Z^{b_2}}{(1 - E_Z)^{-b_3}} \tag{5.8-5}$$

垂向波及系数的值在[0，1]之间。

对比公式(1.3-20)和公式(2.1-9)，根据公式(5.8-5)可以得到垂向波及系数显式算法[公式(5.8-1)的反函数]：

$$E_Z = 1 - \frac{1}{\left[1 + 0.006738 \exp\left(\dfrac{3.5 b_2 - 6.5 b_3}{b_2 - b_3}\right) \left(\dfrac{Y}{b_1}\right)^{\frac{1.3 b_2 - 0.7 b_3}{b_2(b_2 - b_3)}} \right]^{\frac{b_2}{-b_3}}} \tag{5.8-6}$$

采用文献[5]的水油比、水油流度比和变异系数数据，可以得到不同算法的垂向波及系数值(表5-12)。由表5-12可见，本文提出的显式算法不仅简单，且精度高。与迭代法相比，绝对误差均出现在小数点后的第三位或更后；文献[3]的算法与迭代法相比，绝对误差大多出现在小数点后的第二位，因此本书提出的显式算法精度提高了一个量级。此外，本书算法的另一个优点是计算的垂向波及系数不会出现小于0或大于1的异常情况。

表 5-12 垂向波及系数不同算法计算结果对比表

F_{ow}	M	V_K	Y	迭代法 E_Z	文献[3][①]方法 E_Z	文献[3] 绝对误差	本书方法 E_Z	本书方法 绝对误差
0.1	0.1	0.3	16.24	0.7674	0.7338	-0.0336	0.7727	0.0053
0.1	0.1	0.5	6.57	0.5886	0.5681	-0.0205	0.5945	0.0059
0.1	0.1	0.8	1.04	0.1656	0.1927	0.0271	0.1698	0.0042
0.1	1.0	0.3	8.52	0.6468	0.6181	-0.0287	0.6530	0.0062
0.1	1.0	0.5	3.16	0.4072	0.4220	0.0148	0.4112	0.0040
0.1	1.0	0.8	0.41	0.0604	0.0534	-0.0070	0.0650	0.0046
0.1	10.0	0.3	1.48	0.2312	0.2715	0.0403	0.2349	0.0037
0.1	10.0	0.5	0.51	0.0777	0.0858	0.0081	0.0824	0.0047
0.1	10.0	0.8	0.06	0.0053	-0.0808	-0.0861	0.0067	0.0014
1.0	0.1	0.3	45.46	0.8898	0.8812	-0.0086	0.8914	0.0016
1.0	0.1	0.5	18.40	0.7867	0.7544	-0.0323	0.7915	0.0048
1.0	0.1	0.8	2.90	0.3857	0.4048	0.0191	0.3895	0.0038
1.0	1.0	0.3	23.86	0.8226	0.7952	-0.0274	0.8265	0.0039
1.0	1.0	0.5	8.84	0.6546	0.6250	-0.0296	0.6608	0.0062
1.0	1.0	0.8	1.15	0.1829	0.2210	0.0381	0.1870	0.0041
1.0	10.0	0.3	4.15	0.4762	0.4770	0.0008	0.4810	0.0048
1.0	10.0	0.5	1.43	0.2236	0.2642	0.0406	0.2274	0.0038
1.0	10.0	0.8	0.16	0.0196	-0.0498	-0.0694	0.0226	0.0031
10.0	0.1	0.3	337.73	0.9773	0.9820	0.0047	0.9759	-0.0014
10.0	0.1	0.5	136.68	0.9531	0.9684	0.0153	0.9523	-0.0008
10.0	0.1	0.8	21.53	0.8090	0.7794	-0.0296	0.8133	0.0043
10.0	1.0	0.3	177.26	0.9619	0.9772	0.0153	0.9608	-0.0011
10.0	1.0	0.5	65.67	0.9168	0.9193	0.0025	0.9173	0.0005
10.0	1.0	0.8	8.52	0.6468	0.6180	-0.0288	0.6529	0.0061
10.0	10.0	0.3	30.82	0.8527	0.8321	-0.0206	0.8556	0.0029
10.0	10.0	0.5	10.60	0.6916	0.6587	-0.0329	0.6977	0.0061
10.0	10.0	0.8	1.21	0.1924	0.2318	0.0394	0.1964	0.0040
50.0	0.1	0.3	1636.70	0.9937	1.0028	0.0091	0.9927	-0.0010
50.0	0.1	0.5	662.39	0.9868	0.9730	-0.0138	0.9856	-0.0012
50.0	0.1	0.8	104.33	0.9420	0.9545	0.0125	0.9415	-0.0005
50.0	1.0	0.3	859.04	0.9893	0.9718	-0.0175	0.9882	-0.0011
50.0	1.0	0.5	318.25	0.9762	0.9824	0.0062	0.9748	-0.0014
50.0	1.0	0.8	41.29	0.8815	0.8699	-0.0116	0.8834	0.0019
50.0	10.0	0.3	149.36	0.9563	0.9719	0.0156	0.9554	-0.0009
50.0	10.0	0.5	51.37	0.8996	0.8948	-0.0048	0.9008	0.0012
50.0	10.0	0.8	5.86	0.5617	0.5458	-0.0159	0.5673	0.0056

①文献[3]算法：$E_Z = a_1 + a_2\ln(Y) + a_3[\ln(Y)]^2 + a_4[\ln(Y)]^3 + a_5/\ln(Y) + a_6Y$。

式中：$a_1 = 0.19862608$，$a_2 = 0.18147754$，$a_3 = 0.01609715$，$a_4 = -0.0046226385$，$a_5 = -0.00042968246$，$a_6 = 0.00027688363$。

5.9　小结

本章主要探索了水驱油理论和新型水驱曲线的应用。除书中提到的一些应用外，还可以拓展用于不同井型的效果评价、不同工艺措施的效果评价及设施液处理能力扩容、改造等评价。

由5.7节可见，水驱曲线不仅可应用于水驱油田或水驱生产井的动态预测，将时间等效于累积产液量后，也可应用于天然气田或天然气井的递减分析。

近似理论水驱曲线可表示为如下线性方程：

$$\frac{N_p - N_{p0}}{W_p}\frac{f_w}{1 - f_w} = \frac{p}{q} + \frac{1}{q}\frac{N_p - N_{p0}}{N_R - N_p} \tag{3.3-17}$$

线性方程的系数与水油流度比无关，因此还适用于调剖、调驱井或者注聚油田的效果评价。若假设 $\frac{p}{q}$、$\frac{1}{q}$ 和 N_{p0} 的值不变，那么可以通过含水率的变化(即使含水率处于下降阶段)来预测可动油储量的变化。

参 考 文 献

[1] 刘新光，田冀，朱国金，等. 一种实验相渗残余油饱和度确定的新方法——张型广适水驱曲线法[J]. 石油天然气学报 (江汉石油学院学报)，2015，37(3&4)：29-33.

[2] Jones SC Roszelle WQ. Graphical techniques for determining relative permeability from displacement experiments [J]. JPT，1978，30(5)：808-816.

[3] 塔雷克·艾哈迈德. 油藏工程手册(第三版)(原书影印版)[M]. 北京：石油工业出版社，2009.

[4] 俞启泰，杨通佑，林志芳. SY/T 5367—1998. 石油可采储量计算方法[S]. 北京：石油工业出版社，1999.

[5] 曲建山. 新的计算纵向波及系数和面积波及系数关系式[J]. 石油勘探开发情报，1992(1)：111-114.

F

附 录

附录 1 $\ln(1+x)$ 的近似函数

当 $-1 < x \leqslant 1$ 时，可以展开成幂级数[1]：

$$\ln(1+x) = x - \frac{x^2}{2} + \frac{x^3}{3} - \frac{x^4}{4} + \cdots + (-1)^{n+1}\frac{x^n}{n} + \cdots \quad (A1\text{-}1)$$

或写成：

$$\ln(1+x) = x - \frac{x^2}{2} + o(x^2) \quad (A1\text{-}2)$$

如果略去高阶小项 $o(x^2)$，那么，公式（A1-2）可以近似为：

$$\ln(1+x) = x - \frac{x^2}{2} \quad (A1\text{-}3)$$

这种近似在 $-0.36 \leqslant x \leqslant 0.4$ 范围内，相对误差在5%以内，但超出此范围后误差就大于5%（图 A-1）。

为了弥补略去高阶小项 $o(x^2)$ 带来的误差，公式（A1-3）可以改写为：

$$\ln(1+x) = x - cx^2 \quad (A1\text{-}4)$$

即用待定值 c 代替0.5。当 $x \geqslant 0$ 时，可以拟合得到 c 值为0.38，此时在 $x \leqslant 0.78$ 时，相对误差在5%以内；当 $x < 0$ 时，拟合得到 c 值为0.76，此时，在 $x \geqslant -0.60$ 时，相对误差在5%以内（见图 A-1）。

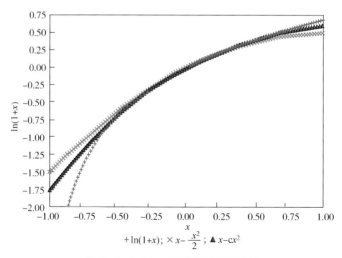

图 A-1 $\ln(1+x)$ 和其近似值对比

因此当 $x \geqslant 0$ 时，公式可以改写为：

$$\ln(1+x) = x - 0.38x^2 \quad (A1\text{-}5)$$

当 $x < 0$ 时，公式为：

$$\ln(1+x) = x - 0.76x^2 \quad (A1\text{-}6)$$

若不知 x 值是正值还是负值，那么公式（A1-4）可以写成：

$$\ln(1+x) = x - [0.57 - \text{sign}(x) \times 0.19]x^2 \tag{A1-7}$$

这时 x 为正值或负值时，分别对应公式（A1-5）或公式（A1-6）。

附录 2 $(1+x)^a$ 的近似函数（$0.5 \leqslant a \leqslant 1$）

当 $-1 \leqslant x \leqslant 1$ 时，可以展开成幂级数[1]：

$$(1+x)^a = 1 + ax + \frac{a(a-1)}{2!}x^2 + \frac{a(a-1)(a-2)}{3!}x^3 + \cdots +$$

$$\frac{a(a-1)(a-2)\cdots(a-n+1)}{n!}x^n + \cdots \tag{A2-1}$$

或写成：

$$(1+x)^a = 1 + ax + o(x) \tag{A2-2}$$

如果略去高阶小项 $o(x)$，那么，公式（A2-2）可以近似为：

$$(1+x)^a = 1 + ax \tag{A2-3}$$

在 $a=0.5$ 的条件下，这种近似在 $-0.46 \leqslant x \leqslant 0.86$ 范围内，相对误差在 5% 以内，但超出此范围后误差就大于 5%（图 A-2）。为了弥补高阶小项 $o(x)$ 带来的误差，公式（A2-3）可以改写为：

$$(1+x)^a = 1 + a^c x \tag{A2-4}$$

即用待定值 c 代替 1。当 $x \geqslant 0$ 时，可以拟合得到 c 值为 1.20，此时相对误差均在 5% 以内；当 $x<0$ 时，拟合得到 c 值为 0.80，此时在 $x \geqslant -0.63$ 时，相对误差在 5% 以内（见图 A-2）。

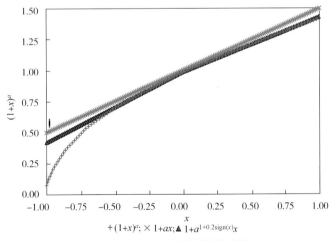

$+(1+x)^a; \times 1+ax; \blacktriangle 1+a^{1+0.2\text{sign}(x)}x$

图 A-2 $(1+x)^a$ 和其近似值对比

因此当 $x \geqslant 0$ 时，公式可以改写为：

$$(1+x)^a = 1 + a^{1.2}x \tag{A2-5}$$

当 $x<0$ 时，公式为：

$$(1+x)^a = 1 + a^{0.8}x \tag{A2-6}$$

若不知 x 值是正值还是负值，那么公式（A2-4）可以写成：

$$(1 + x)^a = 1 + a^{1 + 0.2\text{sign}(x)} x \tag{A2-7}$$

这时 x 为正值或负值时，分别对应公式（A2-5）或公式（A2-6）。

附录 3 近似反函数的构建

（1）甲型水驱曲线累积产油量和累积产液量的近似关系

甲型水驱曲线累积产液量和累积产油量的关系：

$$L_p = e^{A_1 + B_1 N_p} + N_p \tag{3.2-24}$$

变形后可得：

$$A_1 + B_1 N_p = \ln L_p + \ln\left(1 - \frac{N_p}{L_p}\right) \tag{A3-1}$$

根据公式（A1-6），公式（A3-1）可以展开为：

$$A_1 + B_1 N_p - \ln L_p - \frac{N_p}{L_p} - \frac{76}{100}\left(\frac{N_p}{L_p}\right)^2 \tag{A3-2}$$

整理后可得：

$$N_p^2 + \frac{25(L_p + B_1 L_p^2)}{19} N_p = \frac{25(\ln L_p - A_1) L_p^2}{19} \tag{A3-3}$$

公式（A3-3）是一个一元二次方程，由此可得：

$$N_p = \frac{25}{38} L_p\left[\sqrt{(1 + B_1 L_p)^2 + \frac{76}{25}(\ln L_p - A_1)} - 1 - B_1 L_p\right] \tag{3.2-25}$$

（2）理论水驱曲线累积产油量和累积产水量的近似关系

理论水驱曲线累积产水量和累积产油量的关系：

$$W_p = \frac{A^{\frac{1}{B}}}{(N_R - N_p)^{\frac{1}{B}}} - N_p - C \tag{3.4-36}$$

整理后可得：

$$(W_p + C + N_R)^B\left[1 - \frac{(N_R - N_p)}{W_p + C + N_R}\right]^B = \frac{A}{N_R - N_p} \tag{A3-4}$$

根据公式（A2-6），公式（A3-4）可以展开为：

$$(W_p + C + N_R)^B\left[1 - \frac{B^{0.8}(N_R - N_p)}{W_p + C + N_R}\right] = \frac{A}{N_R - N_p} \tag{A3-5}$$

变形整理后可得：

$$(N_R - N_p)^2 - \frac{W_p + C + N_R}{B^{0.8}}(N_R - N_p) = -\frac{A}{B^{0.8}(W_p + C + N_R)^{B-1}} \tag{A3-6}$$

这是一个一元二次方程，求解可得：

$$N_{\mathrm{p}} = N_{\mathrm{R}} - \frac{W_{\mathrm{p}} + C + N_{\mathrm{R}}}{2B^{0.8}} \left[1 - \sqrt{1 - \frac{4AB^{0.8}}{(W_{\mathrm{p}} + C + N_{\mathrm{R}})^{B+1}}} \right] \tag{3.4-37}$$

（3）近似理论水驱曲线反函数的构建

近似理论水驱曲线累积产水量和累积产油量的关系式为：

$$W_{\mathrm{p}} = \frac{A^{\frac{1}{q}} (N_{\mathrm{p}} - N_{\mathrm{p0}})^{\frac{p}{q}}}{(N_{\mathrm{R}} - N_{\mathrm{p}})^{\frac{1}{q}}} \tag{3.3-19}$$

公式（3.3-19）可以改写为：

$$W_{\mathrm{p}} = \frac{A^{\frac{1}{q}} N_{\mathrm{R}}^{\frac{p}{q} - \frac{1}{q}} \left[R_{\mathrm{f}} - (1 - w) \right]^{\frac{p}{q}}}{(1 - R_{\mathrm{f}})^{\frac{1}{q}}} \tag{A3-7}$$

或者：

$$W_{\mathrm{p}} = \frac{A^{\frac{1}{q}} (wN_{\mathrm{R}})^{\frac{p}{q} - \frac{1}{q}} (S_{\mathrm{wd}})^{\frac{p}{q}}}{(1 - S_{\mathrm{wd}})^{\frac{1}{q}}} \tag{A3-8}$$

对照公式（1.3-20）和公式（2.1-9）的关系，可以得到公式（A3-8）的反函数：

$$S_{\mathrm{wd}} = 1 - \frac{1}{\left\{ 1 + 0.006738\exp\left(\frac{3.5p + 6.5}{p + 1}\right) \left[\dfrac{W_{\mathrm{p}}}{A^{\frac{1}{q}} (wN_{\mathrm{R}})^{\frac{p-1}{q}}} \right]^{\frac{1.3pq + 0.7q}{p(p+1)}} \right\}^{p}} \tag{A3-9}$$

或者：

$$N_{\mathrm{p}} = N_{\mathrm{R}} - \frac{N_{\mathrm{R}} - N_{\mathrm{p0}}}{\left\{ 1 + 0.006738\exp\left(\frac{3.5p + 6.5}{p + 1}\right) \left[\dfrac{W_{\mathrm{p}}}{A^{\frac{1}{q}} (N_{\mathrm{R}} - N_{\mathrm{p0}})^{\frac{p-1}{q}}} \right]^{\frac{1.3pq + 0.7q}{p(p+1)}} \right\}^{p}} \tag{A3-10}$$

为了提高反函数的精度，公式（A3-10）可以改写为：

$$N_{\mathrm{p}} = N_{\mathrm{R}} - \frac{N_{\mathrm{R}} - N_{\mathrm{p0}}}{\left\{ 1 + a \left[\dfrac{W_{\mathrm{p}}}{A^{\frac{1}{q}} (N_{\mathrm{R}} - N_{\mathrm{p0}})^{\frac{p-1}{q}}} \right]^{b} \right\}^{p}} \tag{A3-11}$$

其中 a、b 和 p 值可以通过实际数据进行线性拟合得到。

$$\ln\left[\left(\frac{N_{\mathrm{R}} - N_{\mathrm{p0}}}{N_{\mathrm{R}} - N_{\mathrm{p}}} \right)^{\frac{1}{p}} - 1 \right] = \ln a + b\ln\left[\frac{W_{\mathrm{p}}}{A^{\frac{1}{q}} (N_{\mathrm{R}} - N_{\mathrm{p0}})^{\frac{p-1}{q}}} \right] \tag{3.3-26}$$

根据公式（3.3-19），可以通过累积产油量计算出累积产水量。以大庆油田小井距试验为例，起始点为无水采油量 N_{p0}（1709.63t），终点为可动油储量 N_{R}（9098.48t），中间等分为20，然后分别计算出（N_{pi}，W_{pi}），见表 A-1。

待定 p 值（初值可以取原函数的值），用公式（3.3-26）拟合序号为 8~12 的数据点（数据点可以任意选取，为了提高精度，可以选取其中的一小段）。通过拟合可以得到如下参数（图 A-3）：

$$a = 43.5427$$
$$b = 0.4080 \tag{A3-12}$$
$$p = 2.5362$$

表 A-1　原函数和近似反函数计算结果对比

序号	N_p/t	W_p/t	$Y = \ln\left[\left(\dfrac{N_R - N_{p0}}{N_R - N_p}\right)^{\frac{1}{p}} - 1\right]$	$X = \ln\left[\dfrac{W_p}{A^q(N_R - N_{p0})^{\frac{p-1}{q}}}\right]$	反函数计算 N_p/t	相对误差/%
0	1709.63	0.00	—	—	1709.63	0.0000
1	2079.07	9.17	-3.8907	-18.8900	2064.34	0.7086
2	2448.52	57.65	-3.1602	-17.0513	2433.21	0.6252
3	2817.96	175.63	-2.7154	-15.9373	2805.35	0.4474
4	3187.40	398.98	-2.3863	-15.1167	3178.36	0.2836
5	3556.84	774.12	-2.1193	-14.4539	3551.20	0.1587
6	3926.29	1363.36	-1.8905	-13.8879	3923.36	0.0746
7	4295.73	2252.86	-1.6867	-13.3857	4294.65	0.0251
8	4665.17	3564.72	-1.5000	-12.9268	4665.08	0.0020
9	5034.61	5476.77	-1.3249	-12.4974	5034.79	-0.0036
10	5404.06	8255.84	-1.1574	-12.0870	5404.07	-0.0003
11	5773.50	12316.62	-0.9941	-11.6869	5773.31	0.0032
12	6142.94	18331.27	-0.8320	-11.2893	6143.02	-0.0014
13	6512.38	27447.34	-0.6679	-10.8856	6513.84	-0.0224
14	6881.83	41757.31	-0.4983	-10.4660	6886.51	-0.0680
15	7251.27	65421.66	-0.3183	-10.0170	7261.86	-0.1461
16	7620.71	107758.95	-0.1208	-9.5180	7640.76	-0.2630
17	7990.15	193644.31	0.1069	-8.9319	8023.72	-0.4201
18	8359.60	411742.42	0.3914	-8.1775	8409.86	-0.6012
19	8729.04	1338553.17	0.8146	-6.9985	8791.61	-0.7169
20	9098.48	—	—	—	—	—

将式（A3-12）的参数值代入公式（A3-11），计算的累积产油量见表 A-1。拟合点的相对误差在 0.004% 以下，精度较高。如果还需要提高精度，那么可以继续缩小拟合段的范围。

附录4　甲乙型通式水驱曲线与甲型水驱曲线线性段对比

甲型水驱曲线的表达式：
$$\ln W_p = A_1 + B_1 N_p \tag{3.2-15}$$
甲乙型通式水驱曲线的表达式：
$$\ln(W_p + CN_p) = A + BN_p \tag{4.1-6}$$

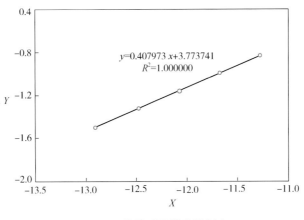

图 A-3 构建反函数参数拟合

这里的 C 值可以通过线性回归使相关系数最大确定。

以 $M=10$，$n_w=n_o=3$，$N_R=100$ 为例，对比甲型水驱曲线和甲乙型通式水驱曲线出现线性段的时机和范围。甲型水驱曲线在 N_p 为 40~60 范围内出现了较好的线性段（见图 A-4）。而甲乙型通式水驱曲线在 $C=0.061$ 时，N_p 为 20~80 范围内线性段还非常明显（见图 A-5）。由此可见，甲乙型通式水驱曲线出现线性段的时机比甲型水驱曲线出现的时机要早，线性段的范围也比甲型水驱曲线宽。

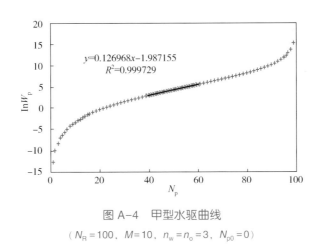

图 A-4 甲型水驱曲线

（$N_R=100$，$M=10$，$n_w=n_o=3$，$N_{p0}=0$）

附录5 近似理论水驱曲线可动油储量解法结果验证

表 3-2 的数据是由可动油储量为 100 时得到的。由此表的数据，通过公式（3.3-9）可以计算出无水采油量 N_{p0} 的值，由公式（4.2-8）可以计算出无水采油量及可动油储量之和，据此可以计算出可动油储量（表 A-2）。由表 A-2 可见，根据此方法得到的可动油储量和实际的可动油储量非常接近（相对误差<5%），因此这种方法是可行的。

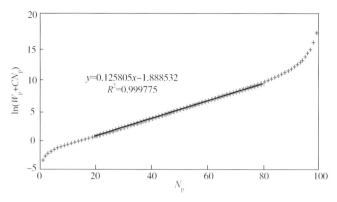

图 A-5 甲乙型通式水驱曲线

（$N_R = 100$，$M = 10$，$n_w = n_o = 3$，$N_{p0} = 0$，$C = 0.061$）

表 A-2 近似理论水驱曲线可动油储量解法验证

M	n_w	n_o	w	A_1	B_1	A_2	B_2	N_{p0}	N_{Rp0}	N_R
1	2	2	0.5858	−8.823	0.1514	−9.743	0.1378	41.42	142.08	100.66
1	2	3	0.7279	−6.491	0.1435	−8.116	0.1386	27.21	129.50	102.29
1	2	4	0.7961	−5.876	0.1521	−7.754	0.1521	20.39	—	—
1	3	2	0.6145	−11.467	0.1801	−12.074	0.1642	38.55	139.04	100.50
1	3	3	0.7500	−8.810	0.1693	−10.089	0.1614	25.00	126.31	101.31
1	3	4	0.8134	−8.072	0.1769	−9.603	0.1737	18.66	122.16	103.50
1	4	2	0.6321	−14.139	0.2091	−14.501	0.1915	36.79	137.18	100.40
1	4	3	0.7635	−11.122	0.1949	−12.138	0.1850	23.65	124.60	100.95
1	4	4	0.8240	−10.254	0.2015	−11.520	0.1959	17.60	119.54	101.94
10	2	2	0.7683	−2.652	0.1154	−4.167	0.1051	23.17	124.04	100.87
10	2	3	0.8190	−2.473	0.1275	−4.271	0.1232	18.10	120.67	102.57
10	2	4	0.8519	−2.509	0.1421	−4.455	0.1421	14.81	—	—
10	3	2	0.7637	−5.429	0.1449	−6.564	0.1321	23.63	124.24	100.62
10	3	3	0.8233	−4.907	0.1542	−6.350	0.1471	17.67	119.11	101.44
10	3	4	0.8584	−4.788	0.1677	−6.390	0.1646	14.16	117.85	103.69
10	4	2	0.7660	−7.992	0.1726	−8.852	0.1581	23.40	123.88	100.48
10	4	3	0.8282	−7.215	0.1797	−8.390	0.1705	17.18	118.20	101.03
10	4	4	0.8635	−6.982	0.1923	−8.320	0.1869	13.65	115.68	102.03

参 考 文 献

[1] 数学手册编写组．数学手册[M]．北京：高等教育出版社，1979．